生物结皮在不同荒漠化生态系统中分布和水文特征机理研究

李　柏　高甲荣　崔　强　张金瑞　赵哲光
王　兵　秦　伟　单志杰　殷　哲　于　洋　著
郭乾坤　孙婷婷　蔡　昕

中国环境出版社·北京

图书在版编目（CIP）数据

生物结皮在不同荒漠化生态系统中分布和水文特征机理研究/李柏等著. —北京：中国环境出版社，2017.10

ISBN 978-7-5111-3298-7

Ⅰ. ①生… Ⅱ. ①李… Ⅲ. ①荒漠—生态系统—土壤结皮—研究②荒漠—生态系统—水文特征—研究 Ⅳ. ①P941.73

中国版本图书馆 CIP 数据核字（2017）第 197040 号

出 版 人 王新程
责任编辑 赵惠芬
责任校对 尹 芳
封面设计 岳 帅

出版发行 中国环境出版社
（100062 北京市东城区广渠门内大街 16 号）
网 址：http：//www.cesp.com.cn
电子邮箱：bjgl@cesp.com.cn
联系电话：010-67112765（编辑管理部）
发行热线：010-67125803，010-67113405（传真）
印 刷 北京中科印刷有限公司
经 销 各地新华书店
版 次 2017 年 11 月第 1 版
印 次 2017 年 11 月第 1 次印刷
开 本 880×1230 1/32
印 张 7.5
字 数 200 千字
定 价 30.00 元

前　言

荒漠化作为当今世界最大的生态环境问题之一，已经有 33%的陆地和 20%的人口受到侵害，总面积达到 0.34 亿 km^2，而且每年以 600 万 hm^2 的速度进行扩张，全球约有一半数量的国家和地区遭受到不同程度的危害。幅员辽阔的荒漠化地区带来严重自然灾害的同时，也造成了巨大的经济损失，经常与贫困、落后相联系，制约了人类社会的持续发展。我国作为全球荒漠化面积最大的国家之一，每年因为荒漠化危害造成的经济损失数额巨大。为了更好地了解我国荒漠化和沙化情况并提出有效的治理办法，国家林业局组织有关部门和专家从 1994 年到 2009 年先后四次对荒漠化和沙化情况进行调查。截至 2016 年，我国荒漠化土地面积超过 260 万 km^2，沙化土地面积超过 170 万 km^2，还有 31 万 km^2 的土地有明显沙化趋势。我国荒漠化土地面积主要集中在西北地区，约有 25%的贫困人口出自该地区。该地区自然灾害频繁、经济落后、群众环保观念薄弱，与中东部经济发达地区社会经济发展水平差距悬殊，并且每年还在扩大差距，严重影响了西部大开发和全面脱贫攻坚的进程。

生物结皮是干旱、半干旱荒漠化地区生态环境变化的急先锋，能够很好地反映当地的生态环境改善情况。在荒漠化地区，水分条件是制约生态环境改善的重要因子，生物结皮作为地表的第一层保护，其对水分的阻拦渗透、保水护水的作用，对荒漠化地区植物演替起着重要的作用。

随着国内外的学者逐渐意识到生物结皮在荒漠化治理和生态环境中的重要作用，针对生物结皮开展了大量的研究工作，主要包括生物结皮的种类及分布特征，生物结皮对土壤化学性质的影响，生物结皮对水分的影响，生物结皮对植被演替的影响等。在土壤发育中，微生物结皮对土壤养分循环的重要贡献在于防止了大面积土壤侵蚀而保护了养分。荒漠化地区年降雨稀少，年蒸发量巨大，土壤中水分含量直接影响该地区植被的生长和发育情况，也是植物群落演替的重要影响因素。地表生物结皮使降雨出现浅层化现象，增加了水分蒸发的可能性，为生物结皮和草本植被提供水分条件的同时，减少深根性植被存活的可能性，加速了荒漠化地区植物群落的演替进程。深入研究生物结皮的理化性质、对水分渗透、蒸发作用及凝结水形成过程的影响、找寻生物结皮分布和水文特征的规律，对我国北方地区营造防护林体系有着重要的意义，并为荒漠化地区生态建设提供科学依据。

目前，国内外在生物结皮分布和水文特征的研究均存在争论。因此，通过野外调查、室内实验相结合的方法，开展荒漠化地区生物结皮的分布特征的调查，并对当地土壤水分渗透、蒸发作用及凝结水形成过程影响进行研究，能够为毛乌素沙地、乌兰布和沙漠中生物结皮的分布规律和土壤水分的有效利用提供理论基础，也能够更好地为沙区地表固定和植被恢复提供实践依据，为荒漠防护林建设和生态系统恢复做出应有的贡献。

本书以荒漠化生态系统中最微小生物——生物结皮为研究对象，介绍毛乌素沙地、乌兰布和沙漠两种不同荒漠化生态系统中生物结皮分布和水文特征。通过野外调查和室内实验，对不同荒漠生态系统中沙生灌木群落的特征及物种多样性进行研究，分析不同荒漠生态系统中生物结皮分布特征规律，测量生物结皮和下层沙土的理化性质，研究生物结皮对水分渗透、蒸发的作用和对凝结水形成过程的影响。本书所得结果和结论，以期为荒漠化生态系统中生物结皮的分布规律、土壤水分的有效利用提供理论基础，也愿能更好地为沙区地表固定和植被恢复提供实践依据，为荒漠防护林建设和生态系统恢复做出绵薄之力。

全书共分为 11 章：第 1 章为绪论；第 2 章从宏观的角度介绍了生物结皮在荒漠化生态系统中的重要作用以及研究现状和发展趋势；第 3 章详细介绍了本实验完成的研究区；第 4 章分别从植物群落特征和多样性、生物结皮类型及其分布特征、生物结皮理化性质、生物结皮对水分渗透的影响、生物结皮对水分蒸发的影响、凝结水量 6 个方面详细介绍了本实验的研究方法；第 5 章分析总结不同荒漠生态系统植物群落特征和物种多样性，以期找寻两种荒漠生态系统中的优势群落，进而分析群落的演替方向；第 6 章分析总结不同荒漠生态系统生物结皮类型及其分布特征；第 7 章深入探讨并全面分析不同荒漠生态系统生物结皮生物量和理化性质；第 8 章以水分渗透为切入点，对不同荒漠化生态系统生物结皮响应机理进行研究；第 9 章从水分蒸发出发，探讨不同荒漠化生态系统中生物结皮对其的不同影响；第 10 章介绍不同荒漠生态系统生物结皮对凝结水的影响；第 11 章提出本书的结论、创新点和展望。

本书是作者在多年从事生物结皮特征研究并对已发表论文进行总结的基础上完成的。笔者依托国际合作项目“中国北方地区可持续防护林设计”，在生物结皮特征研究中做了大量工作。笔者有幸于 2012 年 10 月到德国科特布斯大学进行访问交流学习，积累了丰富知识和经验，这为本书的顺利完成奠定了良好的基础。从第一次到沙漠、第一次接触生物结皮、第一次查看有关生物结皮的参考文献、第一次野外调查、第一次室内试验，直到完成本书的全部研究内容，所有的成果都离不开甲荣集团的辛勤付出。

在本书完成之际，感谢王秀茹教授、余新晓教授、赵廷宁教授、丁国栋教授、杨海龙教授给予热情的指导和帮助。感谢宁夏盐池沙泉湾生态定位站和内蒙古磴口沙林中心提供了方方面面的支持，感谢几年来定位站上的老师、同学及工作人员提供的帮助。感谢甲荣集团的刘瑛、冯泽深、娄会品、李晓宏、吕晶、崔强、张金瑞、赵哲光、杨麒麟、王颖、刘法、钱斌天、王越、郭维、张辰、王兵、张栋、顾岚、高玉婷、陈琼、康烨、朱晓博、郭凯力、王舒等在外业调查和室内数据处理中的大力帮助，大家辛苦了，一路上有你们相伴虽苦尤乐。感谢同窗好友白麟、孙江波、于雷、杨麒麟、周涛、候阳、冯薇、王玺靖、赵紫阳等，他们伴我度过这美好、充实、难忘的学生生涯。感谢我的父母、妹妹，有他们的支持和鼓励，是我最大的幸福。感谢我的妻子孙婷婷这些年来的包容和理解。感谢我的好兄弟王嵩、谢淇先、孙梓译、王浩淼、任时纬多年的支持和照顾。感谢北京林业大学多年来的培养，感谢水土保持学院全体老师们的言传身教，铭记终生。同时，感谢中国水利水电科学研究院泥沙研究所，各位领导、同事在著书过程中提供了较大的帮助。

本书面向的读者对象是荒漠化研究、水土保持以及生物结皮特征研究的科研人员、政府管理人员、高等院校相关的师生以及关注荒漠化生物结皮特征研究的社会各界人士。本书研究生物结皮在不同荒漠生态系统分布和水文特征响应机理，以期有些许的科研和应用价值，为荒漠生态系统植被恢复、生境改变等方面提供理论和实际依据。同时，缺点、错误在所难免，敬请广大读者批评指正。

著　者

2017年3月

目　录

第1章 绪 论

1.1 研究背景

荒漠化作为当今世界最大的生态环境问题之一，已经有 33%的陆地和 20%的人口受到侵害，总面积达到 0.34 亿 km^2，而且每年以 600 万 hm^2 的速度进行扩张，全球约有一半数量的国家和地区遭受到不同程度的危害（Ezcurra，2006）。幅员辽阔的荒漠化地区带来严重自然灾害的同时，也造成了巨大的经济损失，经常与贫困、落后相联系，制约了人类社会的可持续发展（卢琦，2000；刘拓等，2006）。我国作为全球荒漠化面积最大的国家之一，每年因为荒漠化危害造成的经济损失数额巨大。为了更好地了解我国荒漠化和沙化情况并提出有效的治理办法，国家林业局组织有关部门和专家从 1994 年到 2009 年先后四次对荒漠化和沙化情况进行调查（国家林业局，2011）。截至 2016 年，我国荒漠化土地面积超过 260 万 km^2，沙化土地超过 170 万 km^2，还有 31 万 km^2 的土地有明显沙化趋势。我国荒漠化土地面积主要集中在西北地区，约有 25%的贫困人口出自该地区。该地区自然灾害频繁、经济落后、群众环保观念薄弱，与中东部经济发达地区社会经济发展水平差距悬殊，并且每年还在扩大差距，严重影响了西部大开发和全面脱贫攻坚的进程（刘拓等，2006；陶照堂，2012）。

在干旱、半干旱地区，土壤生物结皮广泛存在于植被生产力低下的地区，是由生物成分组成的覆盖在土壤最表层的一种土壤类型，明显区别于降尘结皮和物理结皮。常常作为拓荒植物出现在流动、半流动沙丘表面，经过微生物作用，将物理结皮和降尘结皮转变为生物结皮（张元明，2008；Fang et al.，2007；Duan et al.，2004）。生物结皮中的生物成分由藻类、地衣、苔藓和微生物组成，底部生长的假根、菌丝用来黏结下层土壤，生物结皮在荒漠化地区扮演着重要的角色（Metting，1991；Singer，1991；West，1990；Eldridge & Greene，1994；Belnap & Lange，2001）。伴随生物结皮的发育程度，荒漠化地区地表首先出现藻类结皮，然后随着沙地的固定和植被的恢复，开始出现藻—地衣结皮、地衣结皮，之后出现地衣—苔藓结皮和苔藓结皮，标志着荒漠化地区生境得到充分的改善（闫德仁等，2007）。

生物结皮是流动沙丘固定的首要标志，在土壤发育中，微生物结皮对土壤养分循环的重要贡献在于防止了大面积土壤侵蚀而保护了养分（Kleiner & Harper，1977）。荒漠化地区年降雨稀少，年蒸发量巨大，在降雨过程中植被冠幅吸收少量雨水的同时，主要水分来源于地下水分的补给，表明土壤中水分含量直接影响该地区植被的生长和发育情况，也是植物群落演替的重要影响因素（Simmons et al.，2008；高天鹏等，2009；梁少民等，2010；何芳兰等，2010）。地表生物结皮使降雨出现浅层化现象，增加了水分蒸发的可能性，为生物结皮和草本植被提供水分条件的同时，减少深根性植被存活的可能性，加速了荒漠化地区植物群落的演替进程（陈荷生，1992；张继贤等，1994；Hawkes & Flechtner，2002）。在一般情况下，荒漠化地区植物演替的方向为顺行化，即从低级到高级、简单到复杂，具体表现为：植被垂直化分布明显，物种多样性增大，群落趋于稳定状态（赵儒林等，1983）。因此，深入研究生物结皮的理化性质、对水分渗透、蒸发作用及凝结水形成过程的影响、找寻生物结皮分布和水文特征的规律，对我国北方地区营造防护林体系有着重要的意义，并为荒漠化地区生态建设提供科学依据。

1.2 问题的提出

生物结皮不仅是干旱、半干旱荒漠化地区生态环境变化的急先锋，更能够很好地反映当地的生态环境改善情况。21 世纪以来，国内外的学者逐渐意识到生物结皮在荒漠化治理和生态环境中的重要作用，针对生物结皮开展了大量的研究工作，主要研究内容包括生物结皮的种类及分布特征，生物结皮对土壤化学性质的影响，生物结皮对水分的影响，生物结皮对植被演替的影响等方面，更多的专家学者将改善荒漠生态环境的目光聚焦在对生物结皮基础特征的研究上。如何更好地对生物结皮基础特征进行研究成为当前的研究重点。

目前，国内外对生物结皮特征的研究没有得出一致性的结论，普遍性的结论主要表现为：生物结皮通常生长在土壤表层，提供土壤有机质的同时降低土壤容重，有效地改善荒漠化土壤的理化性质。伴随生物结皮的发育，结构组成逐渐稳定，减少土壤侵蚀和水土流失（Vest et al.，2001），固定沙丘减少风力侵蚀，改善土层中水分分布情况（刘丽燕等，2005；崔燕等，2004），将大气中的氮固定在生物成分中（Cameron & Fuller，1960；吴楠等，2007），减少降雨直接冲击地表土壤（Belnap，2003；Warren，2003），合成有机质，改善化学性质（Beymer & Klopatek，1991），能够显著改变土壤 pH，植物所需重要养分的含量和有效性、酶活性（Zhao et al.，2006；Zhao et al.，2009），为荒漠化植被提供养分条件（闫德仁，2009），增大地表表面积的同时，为植被的定居和发育提供保障，影响着植物群落的演替速率和方向（Harper & St.Clair，1985；Malam Issa et al.，1999；Prasse，1999；苏延桂等，2006，2007；聂华丽等，2009）。

那么，在荒漠生态系统中生物结皮特征的研究亟待解决以下问题：①生物结皮对植物群落生物多样性的影响是积极的，还是消极的？②生物结皮分布特征与植物群落之间存在怎么样的相互影响？常年主导风向对生物结皮分布特征是否存在影响？③生物结皮理化性质对植物群落是否存在促进演替的规律？④生物结皮水文特征是否影响植物对水分的利用情况？积极、消极还是中立？

1.3 研究内容与技术路线

1.3.1 研究目的与意义

生物结皮的形成和发育能够显著的改变荒漠化地区的生物多样性、土壤理化性质、土壤水分的渗透、蒸发过程以及凝结水的形成。在已有的研究中，由于生物结皮在荒漠化地区的水文过程和土壤侵蚀的影响越来越受到关注，对生态演变的重要影响也逐渐成为专家和学者的研究热点。本书以毛乌素沙地、乌兰布和沙漠两种不同荒漠生态系统为例，选不同优势群落内的藻类、地衣和苔藓结皮为研究对象，通过野外调查、室内试验相结合的方法，开展荒漠化地区生物结皮的分布特征的调查，并对当地土壤水分渗透、蒸发作用及凝结水形成过程影响的进行研究，能够为毛乌素沙地、乌兰布和沙漠中生物结皮的分布规律和土壤水分的有效利用提供理论基础，也能够更好地为沙区地表固定和植被恢复提供实践依据，为荒漠防护林建设和生态系统恢复做出应有的贡献。

1.3.2 研究内容

毛乌素沙地、乌兰布和沙漠是我国十二大沙漠中地下水资源及生态环境较好的沙地。由于常年的不合理放牧和开垦，导致草原的退化和流沙的肆虐，当地的沙区类型主要包括流动沙地、半固定沙地和固定沙地等。土壤水分是驱动荒漠化地区植物群落演替的重要因素。生物结皮生长在土壤表层，常作为地表的第一层保护，很大程度上影响土壤对水分的利用情况。本书通过对不同荒漠生态系统中不同优势群落的藻类、地衣和苔藓结皮分布及水文特征的研究，分析植物群落植被特征和物种多样性，生物结皮对土壤理化性质、水分的渗透、蒸发过程以及凝结水形成的过程的影响，为深入了解生物结皮对荒漠化地区植被演替过程中的作用及防护林体系的合理配置提供科学依据。

（1）优势植被群落生物多样性研究

通过对油蒿、杨柴、花棒和柽柳等当地优势植被群落生物多样性研究，分析不同荒漠生态系统植物群落的优势种以及群落的演替规律。

（2）生物结皮理化性质研究

通过对苔藓、地衣和藻类结皮以及裸露沙土化学性质的研究，分析生物结皮自身化学性质以及其对下层沙土的影响。

（3）生物结皮分布特征研究

通过对不同荒漠生态系统中生物结皮分布特征进行研究，包括生物结皮生物量、生物结皮盖度和厚度的分布特征。

（4）生物结皮水分机理研究

研究生物结皮对水分渗透、蒸发作用的影响以及凝结水的形成过程，分析不同荒漠生态系统生物结皮水文变化规律研究。

1.3.3 技术路线

本书针对我国荒漠生态系统中广泛分布的藻类、地衣和苔藓结皮，进行模拟降雨实验研究生物结皮对水分渗透、蒸发的作用以及凝结水的形成过程和影响因素的研究，指出毛乌素沙地、乌兰布和沙漠两种荒漠生态系统中沙生灌木群落的多样性指标，分析生物结皮分布特征的变化规律，揭示生物结皮水文特征及其影响因素，为荒漠化地区生态系统的恢复提供理论依据。具体技术路线见图 1-1。

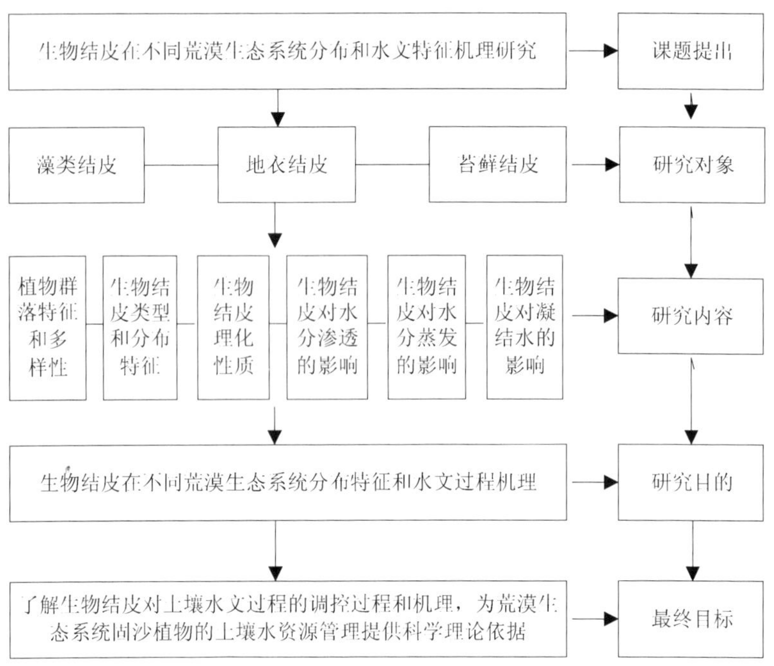

图 1-1 技术路线图

第 2 章　研究现状和发展趋势

生物结皮作为荒漠生态系统中，除乔木、灌木、草本之外，最重要的生物组成部分，它的形成和发育能够显著地改变荒漠化地区的生物多样性、土壤理化性质、土壤水分的渗透、蒸发过程以及凝结水的形成。在国内外专家学者已有的研究中，由于生物结皮在荒漠化地区的水文过程和土壤侵蚀的影响越来越受到关注，对生态演变的重要影响也逐渐成为专家和学者的研究热点。

2.1　生物结皮的定义

生物结皮由生物成分和非生物成分组成，生物成分包括藻类、地衣、苔藓和微生物，非生物成分包括土壤沙粒等，共同作用形成生物结皮复杂的结构（Eldridge & Greene，1994；Belnap，1995）。国内外对生物结皮的研究程度不同，对生物结皮的称谓也不尽相同，包括土壤生物结皮（崔燕等，2004；张元明和王雪芹，2010）、生物土壤结皮（吴玉环等，2002）、土壤隐花植物结皮（张元明等，2004；张军红等，2010）、微生物结皮（李新荣等，2000）、生物结皮（胡春香等，2003a）、结皮（凌裕泉等，1993）等，这表明生物结皮是由生物成分和土壤相互结合所组成的一个整体。

生物结皮在全世界干旱半干旱地区的分布非常广泛（West，1990），它的出现标志着荒漠化地表得到固定、植被开始恢复、生态环境也得到改善（杨晓晖等，2001；崔燕等，2004）。在大面积的荒漠化地区，生物结皮的覆盖度超过植被覆盖度，主要负责保护地表沙土免于风力侵蚀的危害（Kleiner & Harper，1972；Harper & Marble，1988）。藻类、地衣和苔藓结皮作为荒漠化地区地表固定的标志，能够在条件最恶劣的地表形成保护层，改善地表微生境的同时，为植被的定居和发育提供有利条件（张元明和王雪芹，2010）。

生物结皮能够提高土壤有机质，改善土壤机械组成，保持水土免于侵蚀危害，正因为这样的特性使得其受到了国内外专家学者的高度关注（杨晓晖等，2001）。关于生物结皮的研究首次出现在欧洲要追溯到 1850 年。在 1980 年以前，国内外众多学者把注意力都放在荒漠化地区的维管束植被的研究上，较少研究生物结皮在该地区的特征和重要地位（张军红，2013）。在我国，对生物结皮的研究起步较晚，20 世纪 80 年代后期才开始有学者进行研究（闫德仁等，2007）。在研究初期，对生物结皮的研究内容主要包括以下几点：土壤结皮的理化特性（Guo et al.，2008；Belnap，2003；Jayne et al.，2007；范云涛等，2009；贾宝全等，2003），降水对土壤结皮发育的影响（范云涛等，2009；唐泽军等，2004），结皮对土壤呼吸、土壤侵蚀和水分蒸发的影响（唐泽军等，2004；Li et al.，2000；张志山等，2007）、植被与土壤结皮的相互作用（郭轶瑞等，2008；Li et al.，2002）、土壤结皮对干扰的响应及其恢复机理（West，1990；闫德仁等，2007）、土壤结皮的测定方法和技术等方面（闫德仁等，2007）。

2.2 生物结皮的种类

国内外的研究专家和学者们对生物结皮进行了简单的分类，主要包括藻类结皮、地衣类结皮和苔藓类结皮等。由于生物成分不同，其外观表现也不尽相同。通常情况下，藻类结皮多为灰色、深灰色，地衣类结皮有褐色、深褐色或者黑色，苔藓类结皮多为黄色、黄绿色。和藻类结皮相比，地衣和苔藓结皮增大了地表的粗糙度（Harper & Pendleton，1993；Belnap，1995）。

藻类结皮作为荒漠化地区的拓荒植物和先锋植物，出现在土壤条件最恶劣的环境中，是地球上最原始的自养原生物，其生物成分由藻类和微生物共同作用团聚在土壤最上层表面，固定流动沙丘，改善土壤的理化性质，提高土壤肥力，它的出现标志着荒漠化地区的生态系统得到保护，植被也开始定居和恢复（吕贻忠等，2004；胡雅琴，2004），通过它的特性改变荒漠化生态环境，为植被的定居和发育带来可能（胡春香等，2003b）。藻类结皮主要类群主要包括：种类比例最大的蓝藻和硅藻，次之的绿藻，以及种类最少的裸藻。在藻类结皮发育的不同时期，其种类组成会产生不同程度的变化（陈兰周，2003；张丙昌等，2005，2009）。陈兰周等（2003）的研究结果表明：在我国荒漠化地区广泛分布的蓝藻包括 Anacystis、Lyngbya、Nodularia、Schizothrix、Synechococcus 和 Tolypothrix 等 13 种；绿藻包括 Chlamydomonas、Chlorosar-cinopsis、Palmella，Palmogloea 和 Tetraspora 等 12 种。胡春香等（2000）的研究结果表明：对宁夏沙坡头地区藻类生物主要包括蓝藻、硅藻、绿藻和裸藻等 26 个种类，其中蓝藻最多（45.5%），为 10 种。张丙昌等（2009）的研究结果表明：在古尔班通古特沙漠地区，藻类结皮包括蓝藻、硅藻、绿藻和裸藻等一共 121 个种类，其中蓝藻最多，占 65.4%，裸藻最少，占 5.5%。

地衣结皮是其生物成分由地衣植物和微生物共同作用团聚在土壤最上层表面的复杂结构。在藻类结皮之后出现，也作为荒漠化地区流动沙丘固定的代表植物（杨建振，2010）。随着沙丘地表的固定和土壤性质的改善，地衣结皮常常出现在土壤质地较好的地区（Rogers & Lange，1972；Rogers，1977）。Goward 等（1994）在英国的哥伦比亚确定地衣和真菌共计 46 个品种。艾尼瓦尔·吐米尔等（2006）在古尔班通古特沙漠地区的实验得出结论：地衣结皮包括拟橙衣（Fulgensia bracteata）、准噶尔橙衣（Caloplaca songoricum）和藓生双缘衣（Diploschists muscorum）等 13 个种类，其分布特征与苔藓结皮紧密关联，并且研究区的气候情况、紫外线强度和降雨量的变化显著影响着地衣结皮的分布情况。

苔藓结皮是由生物成分为苔藓植物和微生物共同作用地表土壤而形成的一种复杂的结构。它在藻类结皮和地衣结皮之后出现，是生物结皮演替的最终形态，具有较强的耐寒、耐寒和无性繁殖的能力（吴鹏程，1998）。苔藓结皮普遍分布在潮湿和遮荫的地区，由于其生物成分较多，厚度较大，所以面对风力侵蚀、水力侵蚀和人为侵蚀时能够较好地保持土壤的原貌，更好地为植被的恢复做出贡献（杨玉盛等，1999）。郑云普等（2009）的研究结果表明：在新疆古尔班通古特沙漠地区苔藓结皮一共有 6 个种类，刺叶墙藓（Tortula desertorum）为苔藓结皮中的优势种。McIntosh（1989）和 Goward 等（1994）的研究结果表明：在美国西北部大草原地区，他们发现了 4 种新的苔藓结皮，包括 Crossidiumrosei、Phascum vlassoviiLaza.、Pterygoneurum kozlovii Laza.、Williams 和 Pottia wilsonii（Hook.）B.S.G.。

在生物结皮演替过程研究中存在分歧，赵遵田等（1998）认为随着流动沙丘的固定，生物结皮逐渐发育，在藻类结皮产生之后苔藓结皮开始出现；边丹丹（2011）认为当地表形成大面积平坦的藓类结皮之后，地衣开始出现。而吴鹏程（1998）认为苔藓结皮是沙漠生物结皮的最高层次，苔藓结皮是在地衣结皮大面积出现之后才开始发育。

在荒漠化地区，土壤生物结皮能够有效地转变生态环境，在生物结皮发育的过程中，探究生物结皮对土壤的理化性质、水分循环的影响，也能够更好地为沙区地表固定和植被恢复提供实践依据，为荒漠防护林建设和生态系统恢复做出应有的贡献。

2.3 生物结皮分布特征

生物结皮分布广泛，大量存在世界上的各种地区，主要包括干旱、半干旱地区，通常情况下，它的覆盖度大于植被的覆盖度，经常作为拓荒植物存在于条件恶劣的地区（闫德仁，2008）。在国外，生物结皮主要分布在美国、哥伦比亚、澳大利亚、非洲和以色列等地区，包括克罗拉多高原、大盆地，莫哈韦沙漠，撒哈拉地区和内盖夫沙漠等沙漠地区；在国内，生物结皮主要分布在我国的西北干旱、半干旱地区，如塔克拉玛干沙漠、古尔班通古特沙漠、腾格里沙漠、毛乌素沙地、库布齐沙漠、乌兰布和沙漠等。

生物结皮的分布与空间尺度密切相关（闫德仁，2008）。在地理尺度上，Roger（1972）认为温度和降水是最大的影响因素；在地区尺度上，Belnap 和 Gillette（1998）认为海拔高度、土壤条件、小气候等都是控制生物结皮分布的主要因素；在区域尺度上，Malam 等（1999）认为生物结皮覆盖率和植被覆盖率呈负相关；Belnap 等（2003）认为灌木植被可以保护生物结皮，遮挡阳光，能够促进生物结皮的生长；在小于 1 m 的小尺度上，各种种类生物结皮互生分布。

研究区的气候条件能够显著地影响生物结皮的分布特征，主要包括当地的温度的差异和降雨量的大小。降雨量主要分布在夏季的荒漠化地区，生物结皮主要由异形细胞的藻类结皮组成，地衣结皮基本没有分布（闫德仁，2008）；而在高纬度的北美荒漠化地区，生物结皮主要由非异形细胞蓝藻结皮组成，地衣结皮少量分布存在。在春季和秋季里，适当的降雨量和微弱的太阳辐射强度，使荒漠化地区地表开始出现地衣结皮的身影。

海拔高度对生物结皮分布特征的影响主要表现在：随着海拔高度的提升，藻类结皮覆盖度明显降低，而地衣和苔藓结皮表现出相反的变化规律，在高海拔地区，植被的高度显著制约两种生物结皮的生长情况（吴玉环等，2003；Hansen，1996）。

生物结皮的分布对地貌部位有较强的选择性。Eldridge（1993）的研究结果表明：生物结皮生物喜欢温暖、潮湿的区域，固定沙丘的背风坡和阴坡正是这样的区域。而闫德仁（2008）在沙坡头的研究结果表现不尽相同，生物结皮喜欢湿润、寒冷的环境，背风坡和阴坡有利于生物结皮的发育。张元明等（2004）和 Chen 等（2007）研究认为在半固定沙丘中，由高到低依次分布着微生物、藻类结皮、地衣结皮和苔藓结皮，伴随着高度的变化，生物结皮种类明显发生变化。陈亚宁等（2005）的研究结果表明：在古尔班通古特沙漠地区，土壤的养分条件、水分条件和土壤的稳定程度显著影响着生物结皮的分布，从高到低分别分布着微生物、藻类结皮和地衣结皮。阿不都拉·阿巴斯等（2006）的研究结果表明：在准噶尔盆地中，紫外线强度和气候条件影响着当地地衣结皮的分布情况，而苔藓结皮与之恰好相反，与艾尼瓦尔·吐米尔等（2006）的研究结果相同。

生物结皮的分布特征受土壤条件的影响，其中土壤质地对其分布特征影响最大，其次是土壤化学成分。Belnap（2003）和吴玉环等（2003）认为生物结皮更喜欢在土壤结构稳定的地区生长，而在土壤结构不稳定的地方，地衣和苔藓结皮只有在植物覆被下才有分布；土壤养分和盐分会影响生物结皮发育，生物结皮的覆盖度和种类受到土壤 pH 和化学性质的影响，土壤中 Ca^{2+}元素的含量与生物结皮的覆盖度和种类有关。

生物结皮分布特征与维管束植物有密切的关系。Belnap（2003）认为在荒漠化地区，植被恢复初期，维管束植物分布稀疏，利于生物结皮的发育；随着生态环境的逐渐改善，维管束植物盖度增大，反而不利于生物结皮的形成和发育。生物结皮的生存环境与荒漠化地区的气候条件、水分的蒸发作用、维管束植物林冠截流作用以及土壤的稳定情况有显著的关系。吴玉环等（2003）认为荒漠化地区沙生灌木为林下生物结皮提供必要的保护，避免阳光直射的同时，涵养土壤水源，带来植物群落丰富多样性，也增加了生物结皮的种类。

生物结皮的分布特征受到环境的干扰因素的显著影响。Johansen（1993）、Harper 和 Marble（1988）认为过度的干扰情况会造成生物结皮的消失，裸露沙表的出现；长期的干扰过程，会造成生物结皮初级演替的停止；一般的干扰情况，虽然藻类结皮演替为地衣和苔藓结皮，但是整个演替过程长期处于中期而无法继续演替发育。

在干旱、半干旱的荒漠化地区，生物结皮常年面临高温、干旱、强紫外线等恶劣的自然条件。生物结皮的分布特征能够较好地反映当地荒漠生态系统的恢复情况以及未来可以演替发展的方向。

2.4 生物结皮对土壤理化性质的影响

在荒漠化地区的生态环境中，对生物结皮的研究作为土壤学科的热点问题，其能够有效地改善土壤结构组成并提高土壤的理化性质的特性得到了广泛的关注（李新荣等，1999；边丹丹，2011）。生物结皮粗糙的表面能够拦截大气降尘、保留降雨水分，并协同微生物共同作用提高土壤的养分含量（Danin et al.，1989），防止了大面积土壤侵蚀（Kleiner & Harper，1977），为贫瘠的生态系统提供充足的养分（Wilshire，1983；Harper & Pendlenton，1993）。

在固定流动沙丘的过程中，生物结皮的出现有效地改善了土壤颗粒组成的情况，其中 0.25～0.05 mm 级别的粗砂粒明显减少，并且随着生物结皮的发育，最多减少 1/3 左右（崔燕等，2004）。赵哈林等（2009）在科尔沁沙地对不同立地条件下生物结皮的机械组成的研究结果表明：小红柳和杨树林地黏粉粒含量明显高于冷蒿群丛。随着生物结皮的发育和厚度的增大，生物结皮的容重也明显增大（崔燕等，2004）。赵哈林等（2009）在科尔沁沙地对不同立地条件下生物结皮的物理性质的研究结果表明：生物结皮的存在有效地改善了结皮层下方 0～2.5 cm 深的土壤容重。

Ahmod 和 Robbin（1971）研究得出，在藻类结皮出现的早期，土壤中有机质的含量越低，土壤生物结皮越容易形成。随着沙地的固定，地衣和苔藓结皮开始出现，Belnap 等（1994）研究认为当干燥的地衣逐渐失去水分时，部分养分会流失掉，而当它再次吸收水分时，则会释放很多金属离子（Cu^{2+}、Ca^{2+}、Mg^{2+}等）养分，并将这些养分用于下层土壤。Belnap（2002）、Evans 和 Lange（2001）认为藻类和苔藓结皮能够进行光合作用，隐花植物和微生物相互作用，能够有效提高土壤的养分含量。

生物结皮对养分具有明显的富集作用：随着生物结皮的发育，结皮层中的有机质含量、全效养分含量、速效养分含量、土壤酶活性、腐殖质含量不断汇集；有机质含量的提高，能够有效改善土壤养分条件，也增加了土壤酶活性的含量（齐雁冰等，2006；赵允格等，2006a，2006b；Wu et al.，2006）。Belnap（1995）认为由于生物结皮中的有机质和全氮含量较高，为腐殖质的分解提供有利条件。

藻类结皮中的藻类成分能够改善土壤的机械组成，提高黏粉粒的含量，而地衣结皮中的地衣成分和苔藓结皮中的苔藓成分能够通过呼吸降低土壤的pH值，有效改善土壤的化学性质和恢复进度。李卫红等（2005）认为土壤中地衣结皮和苔藓结皮的出现，能够带来更多的腐殖质，促进养分的富集。吴楠等（2007）研究发现：随着生物结皮的发育，土壤的全效P、K含量、有机质含量、土壤脲酶含量和真菌含量极显著提高（$p<0.01$）；而土壤的全效N、速效P和速效K、盐分含量、蛋白酶含量显著提高（$p<0.05$）；土壤有机质含量与pH值呈显著的线性负相关关系（$p<0.05$），与土壤盐分呈正相关关系（$p>0.05$），与土壤的电导率、土壤酶活性（脲酶、蛋白酶、碱性磷酸酶等）呈显著的线性正相关关系（$p<0.01$）。凌丽俐等（2003）研究结果表明：将培育藻类养分作用于土壤中，能够提高土壤的养分含量（有机质含量、速效磷含量和微生物含量）。

在荒漠化地区，固氮植物的匮乏，导致氮含量制约着当地植被的生长，隐花植物的固氮作用扮演着重要的角色（Evans & Ehleringer，1994）。West 等（1977）研究结果表明：生物结皮固氮量为25 kg/（hm^2·a）。Eldridge 和 Rosentreter（1999）在Sonora沙漠的研究表明，该地区生物结皮固氮量为7～18 kg/（hm^2·a）。Willaims 和 Dobrowolski（1995）就不同季节和不同水分条件研究表明，生物结皮的固氮量为 10～100 kg/（hm^2·a）。藻类结皮本身和分泌物均具有固氮的功能（康金花等，1998），增加土壤中氮元素的含量，提高有机质的同时，改善土壤肥力状况。

结皮中的养分含量与结皮的厚度及形成时间有关（崔燕等，2004）。结皮厚度与有机质含量、全效N和速效P含量、速效养分含量呈正相关关系，由于流沙表面无植被和枯落物的保护，生物结皮中养分含量显著高于流沙表面（崔燕等，2004）。

生物结皮的发育对土壤的形成具有积极的促进作用，它能够促进自然界物质能量的循环与转化，改变土壤的结构和理化性质，加快土壤和生物结皮的演替过程。

2.5 干扰对生物结皮的影响

在干旱、半干旱区，干扰（如放牧、火烧、车辆碾压、游憩活动和军事演习等）是影响生物结皮形成和发育的主要因子之一（宋阳等，2004）。杨晓晖等（2001）对生物结皮遭受人为干扰的研究结果表明，荒漠化地区较为孱弱的生境无法经受人为过度的干扰，裸露沙表的出现标志生物结皮开始退化；而适度的人为干扰可以加速生物结皮的演替速度和植被的恢复进程。在研究中发现放牧干扰是最主要的干扰。Leys 和 Eldridge（1998）的研究结果表明：在美国科罗拉多高原地区，放牧干扰带来人畜对生物结皮的践踏和破坏，使地衣结皮的减少和蓝藻结皮的增加，降低了生物结皮的固氮能力，同时损失了气态氮的成分，土壤中的氮含量降低为 1/4～3/4。Anderson 等（1982）认为放牧干扰造成生物结皮破坏需要较长的时间进行恢复，一般需要 15～40 年的时间。闫德仁等（2007）认为当生物结皮遭到干扰破坏后，出现逆演替，裸露沙表的出现增加了风力侵蚀和水力侵蚀的可能性。侵蚀过程带走沙土，将完好的生物结皮覆盖。如果沙埋较深，生物结皮因无法进行呼吸和光合作用出现死亡现象。

火烧干扰对生物结皮的影响是荒漠化地区最常见的现象，也是国内外众多学者和专家研究的热点问题。Harper 和 Marble（1988）在美国关于火烧干扰的实验表明，火烧可以造成生物结皮暂时的损坏，其恢复程度主要和原来生物结皮的状态、火烧干扰的程度以及当地的气候条件有密切关系。Greene 等（1990）的研究结果表明：在澳大利亚半干旱地区，对生物结皮进行长期的火烧干扰实验，造成生物结皮生物成分的消失和组成成分的破坏，但经过相对较短的时间生物结皮便得到了恢复。Kaltenecker 和 Wicklow-Howard（1995）在实验中发现由于外来入侵的植物种及其枯落物能够取代生物结皮，进而增加了生物结皮火烧的危险性。

干扰影响生物结皮的生理指标。Belnap 和 Warren（1994）的研究结果表明：生物结皮遭受 9 个月干扰破坏之后，其叶绿素含量变化不大，而固氮酶活性遭到严重破坏；但是适当的干扰破坏生物结皮的结构，有利于生物结皮的发育，反之则不然。David 等（2003）研究结果表明：在澳大利亚样地内，经过适度干扰后，土壤表面约九成被结皮覆盖，砂土表面约七成五被结皮覆盖；而在过度干扰造成生物结皮覆盖率的大幅降低。

经过干扰之后，藻类结皮完全恢复需要很长的时间，地衣和苔藓结皮则需要更长的时间。但是，通过科技手段的进步，生物结皮的恢复方法也变得简单性和多样化。一般情况下，随着生物结皮的发育，恢复的时间越长，初级生物结皮和厚度较大的生物结皮需要 5～50 年的时间来恢复，恢复时间最长的是地衣和苔藓结皮，差不多 250 年（Belnap，1993）。降低生物结皮的干扰面积，可以提高生物结皮的恢复速率。肖洪浪等（2003）认为，适当的干扰破坏能够使降雨渗透到深层的土壤中，有助于荒漠化地区防护林的营造和生态环境的恢复。

2.6 生物结皮对土壤水分的影响

土壤水分是指由土壤表层至地下水潜水面以上土壤层中的水分

（张军红等，2012）。土壤水分是荒漠化地区植被系统格局和过程的驱动力（NoyMeir，1985；Schlesinger et al.，1996），水文过程控制植物的生长、植被演替和景观分异等主要过程。荒漠化地区年降雨量较少，降雨强度较大，多集中在单一区域；地表灌木和草本植物较少，水分无法富集造成较多无效降水；地表土壤情况的不同造成土壤水文特征的差异；蒸发量巨大，地下水位供水不及时。我国沙漠地区降雨呈现雨热同期的状态，土壤水分条件也受到较大程度的影响（弓成和温存，2008）。沙生植物的生长和发育离不开水分的补给，适宜的水分条件为植物群落的演替提供必要的条件（姜汉侨等，2004）。生物结皮作为第一层保护覆盖在表层土壤上（Belnap & Lange，2001）。土壤水分的补给与散失主要受制于蒸发和降水两个过程（Berndtsson & Ncdomi，1996；Berndtsson & Chen，1994）。因此，国内外学者把生物结皮对土壤水分的影响作为重点研究对象。

2.6.1 生物结皮对水分渗透作用的影响

水分渗透是指水分透过地表进入深层土壤的过程，主要包括降水、地表径流和地下水位三部分（赵西宁和吴发启，2004）。入渗的快慢造成地表径流的差异，较快速的入渗速率可以减少无效降水造成的过度蒸发和径流的损失，而较慢速的入渗速率可以提高土壤表层水分的汇集，也可以降低入渗过程中的水分损失（王帅等，2008）。

关于水分渗透，在世界上对生物结皮的研究得出矛盾的结论表现为生物结皮对水分的入渗影响是积极的（Booth，1941；Fletcher & Martin，1948；Osbor，1952；Faust，1970；Loope & Gifford，1972；Blackburn，1975；Brotherson et al.，1983；Harper & St. Clair，1985；Greene & Tongway，1989；Eldridge，1993b； Perez，1997；Seghieri et al.，1997；Belnap et al.，2005），消极的（Bond & Harris，1964；

Roberts & Carson，1971；Dulieu et al.，1977；Brotherson et al.，1983；Graetz & Tongway，1986；Dekker & Jungerius，1990；Greene et al.，1990；Abaturov，1993；Bisdom et al.，1993；Danin，1996；Mazor et al.，1996；Kidron & Yair，1997；Eldridge et al.，2000；Eldridge & Leys，2003），或者是中立的（Faust，1970；Belnap & Gardener，1993；Dobrowolski & Williams，1994；Eldridge et al.，1997a；Williams et al.，1999）。Brotherson 和 Rushforth（1983）认为，生物结皮的形成降低了土壤的孔隙，使水分过多地停留在生物结皮和表层土壤中，降低了水分渗透的速率，也使湿润锋减小；Eldridge 等（1999）的研究结果表明，放牧区中的生物结皮显著地增加了水分渗透能力；Eldridge 等（2002）的研究结果表明：在以色列内盖夫沙漠地区，由于生物结皮具有阻挡水分渗透的能力，使地表径流量增加了一成左右。而 Eldridge 和 Greene（1994）认为，生物结皮有效改善土壤机械组成并提高有机质含量，提高团聚体水稳性和孔隙度，为水分渗透提供有利条件；物理结皮不同于生物结皮，其阻碍了水分的渗透过程。Eldridge 和 Rosentreter（1999）做了大量实验后，总结出“在饱和入渗的情况下，生物结皮对于水分渗透没有影响，而在非饱和入渗的情况下，表现出同样的规律”。总结内容：在土壤表面覆盖了大量生物结皮的地方，造成土壤大孔隙的现象，生物结皮比水分渗透作用几乎可以不计，而且水分入渗速率很大；在土壤表面覆盖了少量或没有生物结皮的地方，土壤表面受到侵蚀后，大孔隙的变少导致只有通过机制孔才能渗透水分，而且入渗速率很低，所以他认为生物结皮对于水分渗透作用的影响关键点不在于生物结皮本身，而是与土壤的物理性质（团聚体稳定性、孔隙度）有关，也与土壤中水分分配情况和侵蚀程度紧密联系。

而在中国，有的学者认为生物结皮对土壤入渗有积极作用（李守中等，2002），有的学者认为有消极作用（陈兰周等，2002；李守中等，2002；肖波等，2007；李柏等，2011；李新荣等，2001；刘立超等，2005；李守中等，2002；吕贻忠和杨佩国，2004；吴发启和范文波，2005），而还有一些学者持中立态度（魏江春，2005；徐杰等，2003）。沙丘上的生物结皮中的微生物关闭了沙面的传递水分的缝隙，导致大气降水的入渗率降低（李新荣等，2001；刘立超等，2005；李守中等，2002；吕贻忠和杨佩国，2004；吴发启和范文波，2005），在土壤深处的沙生植被根系缺少水分的及时补充，土壤中的水分分配情况更加糟糕，增加了土壤的干旱层的厚度，使得深根系的植物种群衰败速度明显加快（李新荣等，2001；吴发启和范文波，2005；王继和和马全林，2003；陈荣毅等，2008；张锦春等，2007）；大气降水的入渗由于生物结皮的阻挡和延迟作用，导致入渗时间增加，水分被更多地保存在生物结皮中而渗透到深层的土壤中，从而使土壤的贮水能力增强（付广军，2011）；生物结皮不仅对土壤水分再分配有影响，而且还会降低降水入渗到深层土壤的水分。高持水性和保水性的生物结皮提高了高毛管作用，同时降低了反射率，使得水分入渗率明显降低（王新平等，2003，2006；吕贻忠和杨佩国，2004）；张军红（2013）认为表层土壤（0～10 cm）在固定沙地有较强的阻挡水分渗透的能力，在半固定和流动沙地也具有相同的能力。

李新荣等（2001）的观点表现为：微生物结皮对入渗的影响作用很难解释，结皮成分的不同与自身含水量的极大差异可能才是造成入渗情况的主要原因。薄层藻类结皮出现在生物结皮发育的初期阶段，厚度一般较薄，它使表层土壤的容量降低的同时，增大了土壤的孔隙度，土壤的渗透能力也得到了一定程度的改善，但是伴随着生物结皮的演替，生物结皮会发育成藻类结皮，然后变成苔藓结皮，在这个过程中结皮的厚度不断地增加，使地表的基质孔遭到了堵塞，土壤水分的入渗速度也降低，从而下渗到土壤中的水分变少（Brotherson & Rushforth，1983；St Clair，1993）。王翠萍（2009）在黄土地区研究结果表明：水分的入渗情况和黄土地区藻类结皮的厚度有很大的关联。藻类结皮的厚度较大（＞7 mm）会减弱水分的下渗过程，藻类结皮的厚度较小（＜7 mm）会促进水分的下渗过程。藻类结皮的厚度在 0.5～3 mm 能够最好地促进水分下渗的过程。藻丝体也可以吸收水分的重量达到其自身的 8 倍重量（Campbell et al.，1989），土壤表面的地衣可以吸收水分的重量达到其自身 1.5～13 倍重量，在之后的时间可以再使用或者释放出来（Galun et al.，1982），根据生物结皮种类的不同，对水分渗透作用的影响效果也不相同。

2.6.2 生物结皮对水分蒸发作用的影响

干旱区水分蒸发损失是水量平衡中的重要组成部分（王帅等，2008），是土壤与大气界面相连的土壤水分消散和失去过程（刘昌明和王会肖，1999），植物可以利用的降水比例、植物的成长和它有很大的关系（冯起和程国栋，1999；刘元波等，1995）。水分蒸发过程中产生的损失也就是灌丛截留产生的损失，土壤水分蒸发过程中产生的损失量决定了土壤自然含水量，其下降的情况也使得作物的产量降低（王帅等，2008）。

关于水分蒸发方面，生物结皮对水分蒸发有促进的作用（Johansen，1993；Eldridge et al.，1997b），由于土壤表面有生物结皮的地方比没有生物结皮的地方颜色深，深颜色会吸收较多的太阳辐射，同时，生物结皮中的生物成分能够使水分浅层化，使深根系的维管束植物得不到水分的补给，这样使水分更容易蒸发到大气中（West，1990；Harper & Marble，1988；陈荷生，1992）；沙丘表面生物结皮使得地表蒸发增强，出现这种现象的原因是：生物结皮层具有较强的吸水能力，在降水量较小的情况下，吸收大部分降水的同时，水分无法下渗到深层的土壤中，这样就造成表层土壤的水分会蒸发的很快（李新荣等，2001；刘立超等，2005；李守中等，2002；吕贻忠和杨佩国，2004；吴发启和范文波，2005；王新平等，2003，2006）。也有学者认为，生物结皮封闭了土壤表层，降低了蒸发（Brotherson & Rushforth，1983）。而有的学者持中立态度，在较低降雨量（5 mm）条件下，生物结皮促进水分的损失，而在较大降雨量（10 mm 和 15 mm）条件下，生物结皮不能有效地阻挡水分的蒸发，根据生物结皮不同的类型表现出不同的趋势（闫德仁，2008）。

也有学者认为生物结皮对水分蒸发作用的影响不能简单看蒸发的单一过程，要根据生物结皮的种类、演替和蒸发的整个过程来判断。王翠萍（2009）的研究结果表明：在黄土地区，藻类结皮和土壤蒸发的关系较为复杂，不是单一的“促进关系”或“抑制关系”，在土壤较干的情况下，藻类结皮完全覆盖了土壤表面，土壤很好地锁住了水分，使土壤的蒸发量明显降低，在土壤较湿润的情况下，土壤上有藻类结皮的地方蒸发量要大于无藻类结皮的地方。总结出，有藻类结皮的地方土壤表面的水分含量较高，并且藻类结皮的厚度越厚，土壤表层的水分含量越高，生物结皮中藻类植物、微生物的存在，从而使结皮中土壤团聚体的水稳性增强，有机质含量变大，土壤本身的可塑性和吸湿能力得到增强，以上这些对土壤水分的保持有促进作用，使土壤中水分的蒸发速率变小，有利于水分不蒸发，不渗漏，水分得到更好的利用（王翠萍等，2009；Li & Ma，1997）。在对降雨的整个过程进行研究后得出结论，水分蒸发在降雨刚结束后，地表上的滞留水在慢慢入渗的过程中，是较为稳定的，这是由于生物结皮降低了反射率，提高了毛管的作用，从而使地表的蒸发变快，这个过程中生物结皮和流沙进行对比，能更利于蒸发；滞留水入渗结束后，还没有形成地表干沙层的过程中，水分蒸发是不断增加的，在这个过程中，生物结皮不利于水分蒸发；在地表干沙层形成后，干沙层不利于蒸发，所以这个过程中水分蒸发量是不断减少的，这时候的生物结皮却是有利于蒸发的（张志山等，2007；郑敬刚等，2007；薛英英等，2007）。

生物结皮对水分蒸发作用具有抑制作用，保持水土的同时，也能够为荒漠化地区生态环境提供有利的条件，探究生物结皮—水循环—土壤的相互关系，更好地为浅根系灌木、草本植物与小型土壤动物提供生存环境，建立生物结皮微环境的同时营造防护林体系。

2.6.3　生物结皮对凝结水的影响

沙漠生态系统中水分是限制生产力和生产的最显著因素（Wang et al.，2003）。凝结水主要由地表大气中的水汽、土壤中的水汽与沙生灌木、草本植物呼吸产生的水汽和蒸腾产生的水汽所组成（Garrtt & Segal，1998）。在荒漠化地区，仅次于降水，凝结水在水分来源方面占有重要地位（Zhang et al.，2008）。虽然荒漠化地区植被对凝结水的直接利用价值有限，但对于沙漠地区生物结皮而言，凝结水是赖以生存的重要水分来源（Li et al.，2009）。另外，在荒漠生态系统中，凝结水起到了很大的作用。在实验中发现，毛乌素沙地南缘沙区的凝结水可占该地区年均降雨量的 12%之多，这在沙漠干旱地区是十分珍贵的（Zhang，2009）。所以沙漠干旱地区凝结水的研究具有重要意义。

国内外对沙漠地区凝结水的研究较多，多集中于凝结水的观测方法、形成机理、影响因素和季节变化等方面（Boast & Roberts，1982；Kidron，1998；Garratt & Segal，1988；Zhang et al.，2009）。最近十几年，由于生物结皮在水文特征方面的研究逐渐成为热点，越来越多的国内外专家和学者对生物结皮和凝结水的关系进行研究（Liu et al.，2006）。研究发现由于缺水时期较长，凝结水的形成可以使植物湿润化，延长植被的凋萎时间，以便植被、生物结皮更好的生长（Lange et al.，1992）；Kidron 研究认为凝结水对生物结皮中的藻类而言，由于凝结量通常都小于 0.1 mm，其作用不明显，但对苔藓植物的生殖和发育作用较大（Kidron& Gauses，2002）。在宁夏沙坡头地区，凝结水的形成过程对生物结皮的水分有着巨大的影响（刘立超等，1998）；采用微渗计法，有生物结皮的地方能够促进沙漠凝结水的形成，大小关系表现为，苔藓结皮最大，地衣结皮次之，然后是藻类结皮，最小的是裸沙表面（张静等，2009）；同样在宁夏沙坡头地区，有研究证明藻类和苔藓结皮凝结水量要比没有生物结皮的地方的凝结水量大，均大于 0.1 mm（李守中等，2005）；郭占荣等（2005）探讨了凝结水对干旱区生态系统具有的生态学意义。

生物结皮在荒漠化地区广泛分布，覆盖度达到四成左右，并有着独特的分布格局，因生物结皮产生的凝结水在沙漠中的作用是极其重要的。因生物结皮产生的凝结水填补了沙漠中因水分蒸发所减少的水分的空缺，给沙漠中的微小生物和隐花植物补给了水分，从而完善了荒漠生态系统。苔藓结皮生长的越好，凝结水量也会越高，进而加大了水分蒸发速度，所以生物结皮生长的越好，沙土表层的水分循环也就会越快，沙漠生态系统也会因此产生变化。

第 3 章　研究区概况

3.1　毛乌素沙地

研究区 1 位于宁夏盐池沙泉湾荒漠生态系统定位研究站（以下简称盐池生态站）和高沙窝地区（以下简称高沙窝）。沙泉湾地理坐标为N37°40′～37°48′，E107.20°～107.26°（见图 3-1），海拔为 1570 m。高沙窝地理坐标为 N 37°55′～37°59′，E 107°03′～107°08′（见图 3-1），海拔高度为 1 500 m。

盐池县位于宁夏回族自治区的东面，隶属于吴忠市，其地理坐标为 N 37°04′～38°10′，E 106°30′～107°41′。如附图 1 所示，盐池县与陕西省、甘肃省和内蒙古自治区接壤，东边毗邻定边县，南边毗邻环县，西边毗邻灵武市和同心县，北边毗邻内蒙古自治区鄂托克前旗。盐池县南北跨越一个纬度单位，全长约为 110 km，东西同样跨越一个经度单位，全长约为 66 km，全县总占地面积约为 8 860 km^2。北邻鄂尔多斯台地，南邻黄土高原。南边地势较高，北面地势较低，海拔高度在 1 500～1 600 m。

盐池县位于毛乌素沙地南缘，同时位于黄土高原的西北部，两种地貌类型共同影响着该地区的生态环境，兼顾农业和畜牧业。气候干燥少雨，属于典型的温带沙漠性气候，年平均降雨量稀少，而年平均蒸发量巨大，分别为 280 mm 和 2 100 mm。全县常年主导风向为西北风。生态环境从以水力侵蚀为主的半干旱草原农业区域向以风力侵蚀为主的干旱荒漠草原的畜牧区域过渡，如此大的跨度造成盐池县生物和地貌的多样性特征。

盐池县内共有高沙窝镇、花马池镇、惠安堡镇和大水坑镇共 4 个镇，有青山乡、王乐井乡、麻黄山乡和冯记沟乡共 4 个乡，总计有 101 个行政村。全县拥有 17 万人口，七成为农业人口，包括汉族和众多少数民族，其中回族是当地最主要的少数民族，约占总人口的 1/50。由于当地退耕还林、围育禁牧举措的实施，盐池全县农区耕地面积从 218 万亩下降到 119 万亩，林草覆盖面积从 358 万亩增加到 430 万亩，同时荒漠化地区面积也从 500 万亩下降为 164 万亩。

盐池县植被类型区系属于欧亚草原区中的亚洲中部亚区，包括草原区和耕种区两种土地利用类型。全区共有种子植物 300 余种，由野生植物和栽培植物组成，两者比例约为 2∶1。主要包括禾本科、菊科、豆科和藜科，分别占植物总数的 13.9%、11.8%、10.9%和 7.3%，一共有 140 余种，其他科属还包括十字花科、百合科等，种均大于 10 种。截至 2011 年底，盐池全县森林覆盖率超过三成，天然草场的面积约为 840 万亩，超过盐池县土地总面积六成。

盐池县草原类型上主要以沙生植被类草场为主，面积约 260 万亩，约占草场总面积的四成，主要分布于毛乌素沙地的流动、半流动和固定沙丘，土壤类型主要以灰钙土为主。植物以黑沙蒿（*Artemisia ordosica* Krasch）、中亚白草（*Pennisetum centrasiaticum*）、甘草（*Glycyrrhiza uralensis*）和苦豆子（*Sophora alopecuroides*）为主。草原茂盛，一年生和多年生草本植物平均高度超多 20 cm，覆盖度达到三成以上。

盐池县共有 170 余种天然植物，主要由菊科、藜科、豆科和禾本科组成，供牲畜食用天然植物共有 150 余种，约占 9 成。荒漠化沙生植物主要包括草本和灌木，其中草本主要由甘草（*Glycyrrhiza uralensis*）、百里香（*Thymus mongolicus*）、长芒草（*Stipa bungeana* Trin）、蓍状亚菊（*Ajania achilloides*）和中亚白草（*Pennisetum centrasiaticum*）等组成，灌木主要由沙蒿（*Artemisia desterorum* Spreng）、牛枝子（*Lespedeza potaninii* Vass）、柠条（*Caragana korshinskii*）、冷蒿（*Artemisia frigide* Willd）和锦鸡儿（*Caragana sinica*）等组成。其中以油蒿（*Artemisia ordosica*）、锦鸡儿（*Caragana sinica*）、柠条（*Caragana korshinskii*）为主的草场型，利用价值高的占六成左右，而劣质和有毒植物约占四成。

研究区内沙区地表广泛地分布着生物结皮，随着流动沙丘的固定和生物结皮的演替发育，生物结皮类型主要包括藻类结皮、地衣结皮和苔藓结皮三种。由于不同生物结皮对水分利用条件、生物组成类型和生长阶段的差异性，表面呈现不同的颜色，主要包括灰色、褐色、深褐色和黄绿色等。生物结皮的发育和生长离不开水分的补给，当大气温度低于0℃时进入休眠状态。苔藓、地衣和藻类和结皮的优势种分别为拟双色真藓（*Byum argenteum*）、胶衣（*Collema tenax*）和具鞘微鞘藻（*Microcoleus vaginatus*），其盖度一般在40%以上。藻类结皮作为土壤的一部分，存在于土壤复合层中，厚度很薄，结构独立，容易从沙土中剥离出来，结皮下方的菌丝和假根用来黏结沙土（见附图2a），其厚度一般为3～5 mm，受到人畜干扰容易造成破坏，自然扰动不易崩解。地衣结皮一般为褐色或者深褐色，厚度一般为7～13 mm（见附图2b），较藻类结皮更加紧实，较难破碎。苔藓结皮是生物结皮演替发育的最高阶段，厚度一般为8～25 mm。结皮中的苔藓部分辨识度较高，体高一般为0.2～0.4 mm。叶较短、分布密集，外观一般表现为绿色，在干燥环境下外观表现为黑色或褐色。结皮中最有韧性的一种，地表扰动较难破坏其结构（见附图2 c）。

3.2 乌兰布和沙漠

研究区2位于内蒙古自治区磴口县境内的沙林中心第一场站（以下简称磴口地区）。磴口地理坐标为N40°19′，E106°56′（见附图1），海拔高度为1 050 m。

磴口县位于内蒙古自治区的西部，隶属于巴彦淖尔市，其地理坐标为N 40°9′～40°57′，E 106°9′～107°10′。如附图1所示，磴口县东边毗邻杭锦后旗，南边毗邻鄂尔多斯市杭锦旗，西边毗邻阿拉善盟阿拉善右旗，北边毗邻乌拉特后旗。磴口县南北跨越半个纬度单位，全长约为65 km，东西同样跨越半个经度单位，长度为92 km，全县总占地面积约为4 167 km^2。东南方向地势较高，西北方向地势较低，海拔高度在1 030～2 046 m。

磴口县位于乌兰布和沙漠东北部，气候类型属温带大陆性季风气候，年平均气温约为7.6℃，西风环流对该地区影响很大，常年主导风向为西南风，风沙灾害为主要自然灾害。气温随季节性差异明显，春秋两季昼夜温差较大，夏季和冬季季节温差较大，达到32℃，极端气候时有发生。全年平均光照超过3 100 h，光热资源丰富。磴口县降雨多集中在夏季一季（植被生长季），年平均降水量稀少，而年平均蒸发量巨大，分别为144 mm和2 400 mm。

磴口县土壤类型以灰漠土，棕钙土，风沙土为主，共有6大类280余种土壤种类，整体表现为退化的趋势。由于研究区地势低，黄河水能够很好地提供地下水的供给。沙区面积较大，超过总面积的六成以上，多为丘间盐碱地、半流动沙丘、半固定沙地和固定沙地等。

磴口县的植被类型为荒漠区沙生植被，其中小乔木有梭梭（*Haloxylon ammodensron* Bunge），灌木有柽柳（*Tamarix chinensis*）、油蒿（*Artemisia ordosica*）、白刺（*Nitraria tangutorum* Bobr）、花棒（*Hedysarum scoparium*）和杨柴（*Hedysarum mongolicum*），草本有蓼子朴（*Cynanchum thesioides*）、盐爪爪（*Kalidium foliatum*）和雾冰藜（*Bassia dasyphylla*）等。研究区引入黄河水大力发展农业，并与畜牧业相结合，建设规模较大的农业种植基地。

该研究区生物结皮分布也较为广泛，主要包括藻类结皮、地衣结皮和苔藓结皮。由于研究区紧邻黄河上游，地下水位条件较好，常常出现几种生物结皮伴生的状态。与毛乌素沙地做比较，该地区生物结皮的地下水分条件和地表养分条件更好。苔藓、地衣和藻类和结皮的优势种分别为拟双色真藓（*Byum argenteum*）、胶衣（*Collema tenax*）和具鞘微鞘藻（*Microcoleus vaginatus*），其盖度一般在 30%以上。

第 4 章　研究方法

4.1　植物群落特征和多样性

4.1.1　调查方法

本实验于 2011 年 8 月在盐池生态站和磴口地区进行，采用走样线的方式，调查两种荒漠生态系统中沙生灌木群落特征和多样性。在盐池生态站选取油蒿、杨柴和花棒群落，做 20 m×20 m 的样方 6 个调查群落内的灌木，随机布设 1 m×1 m 的小样方 108 个调查草本。在样方内进行植被调查，分别记录植被种类、高度、株数以及盖度。在磴口地区选取油蒿和柽柳群落，做 20 m×20 m 的样方 4 个调查群落内的灌木，随机布设 1 m×1 m 的小样方 72 个调查草本。在样方内进行植被调查，分别记录植被种类、高度、株数以及盖度。

4.1.2　计算方法

（1）重要值

重要值反映植物物种在该群落内的重要程度。群落植物的重要值计算方法如下：

$$灌木植物重要值 = \frac{相对密度 + 相对高度 + 相对盖度}{3} \quad (4\text{-}1)$$

$$草本植物重要值=\frac{相对多度+相对高度+相对盖度+相对频度}{4} \tag{4-2}$$

其中：

$$相对多度(\%)=\frac{某个种的多度}{所有种的多度之和}\times 100 \tag{4-3}$$

$$相对高度(\%)=\frac{某个种的高度}{所有种的高度之和}\times 100 \tag{4-4}$$

$$相对盖度(\%)=\frac{某个种的盖度}{所有种的盖度之和}\times 100 \tag{4-5}$$

$$相对频度(\%)=\frac{某个种的频度}{所有种的频度之和}\times 100 \tag{4-6}$$

$$相对密度(\%)=\frac{某个种的密度}{所有种的密度之和}\times 100 \tag{4-7}$$

其中多度（abundance）是指群落内每种植物的个体数量。盖度（coverage）是指植物地上部分垂直投影的面积占地面的比率。

（2）物种多样性

物种多样性是指在时间、空间尺度上物种水平的生物多样性。根据研究对象的特性，参考前人的研究成果，选取国内外常用的几种多样性指数：Margalef 丰富度指数 M，Simpson 多样性指数 D，Shannon-Wiener 信息指数 H，Pielou 均匀指数 E。以上指数的计算公式如下：

Margalef 丰富度指数 M：

$$M=\frac{S-1}{\ln N} \tag{4-8}$$

式中，S—— 物种数；

N—— 全部种的个体总数。

Simpson 多样性指数 D：

$$D=\sum_{i=1}^{s}\left(\frac{N_i}{N}\right)^2 \tag{4-9}$$

式中，N_i —— 种 i 的个体数。

Shannon-Wiener 信息指数 H：

$$H=-\sum_{i=1}^{s}P_i\ln P_i \tag{4-10}$$

式中，P_i —— 第 i 个种的多度比例。

Pielou 均匀指数 E：

$$E=\frac{H}{\ln S} \tag{4-11}$$

式中，H —— Shannon-Wiener 信息指数；

S —— 物种数量。

4.2 生物结皮类型及其分布特征

4.2.1 生物结皮盖度调查

本项研究采用针点法进行生物结皮盖度调查。选取的样框经常被用作隐花植物盖度的测量，主要由探针和网格铁针架两部分组成，其中共设有 180 根探针，长度为 5 cm，并选取边长为 30 cm 的正方形网格铁针架，其网格规格为 2.5 cm×2.5 cm。测量生物结皮盖度时，先用水将生物结皮润湿，通过肉眼观察生物结皮外观的变化以辨认种类。然后在样地内垂直布设样框，使用探针垂直下插，如果接触到生物结皮的生物成分，便记录该区域有生物结皮覆盖，如果没有接触，便记录无生物结皮覆盖。最后对统计样方内生物结皮的生物成分的个数，记录生物结皮的种类和覆盖度。其中样方内每种生物结皮生物成分的覆盖度的累加值为该生物结皮的总覆盖度（李新荣，2012）。

$$\text{样方中生物结皮的盖度} = \frac{\text{生物结皮生物成分的个数}}{180} \times 100\% \tag{4-12}$$

4.2.2 生物结皮比例计算

根据群落内和覆被下生物结皮的平均盖度，可以计算出生物结皮所占比例。计算生物结皮在优势群落的比例公式（张军红，2013）如下：

$$S_x = \frac{\sum S_i}{nS_t} \tag{4-13}$$

式中，S_x—— 各种生物结皮所占的比例，%；

S_i—— 各种生物结皮的盖度，%；

n—— 调查的样方数量，个，本书选取 n=300；

S_t—— 生物结皮的平均盖度，%。

4.2.3 生物结皮厚度调查

本实验对生物结皮厚度测量分为三个阶段，分别为 2010 年宁夏盐池生态站、2010 年内蒙古磴口地区以及 2011 年宁夏盐池高沙窝地区和内蒙古磴口地区。

生物结皮厚度的测量方法：在样地内用土壤刀垂直取 2 cm×2 cm、厚 2 cm 的土块，轻轻抖落生物结皮下部松散砂粒，用游标卡尺测量结皮层厚度，重复测量 10 次。

（1）第一阶段

采取走样线的方式，在样线上做 4 m×4 m 的小样方 48 个，在样地内选取油蒿、杨柴、花棒覆被藻类、地衣和苔藓结皮，沿植被冠幅不同方向测量生物结皮厚度，重复样本 10 次。

（2）第二阶段

采取走样线的方式，在样线上做 4 m×4 m 的小样方 32 个，分别选取油蒿、红柳覆被下藻类、地衣和苔藓结皮，沿植被冠幅不同方向测量生物结皮厚度，重复样本 10 次。

（3）第三阶段

在高沙窝地区，沿常年主导风向（西北）选取油蒿灌木丛 117 株，生物结皮种类为地衣结皮。以油蒿基部为中心，测量沿西北方向上迎风面距离油蒿 40～60 cm 与 20～40 cm 的地衣结皮厚度，植株基部地衣结皮厚度，其他方向上在相同距离 40～60 cm 与 20～40 cm 设置点位如图 4-1 所示，一共 9 个点，分别为 T1、T2、T3、T4、T5、T6、T7、T8 和 T9，重复样本 5 次。

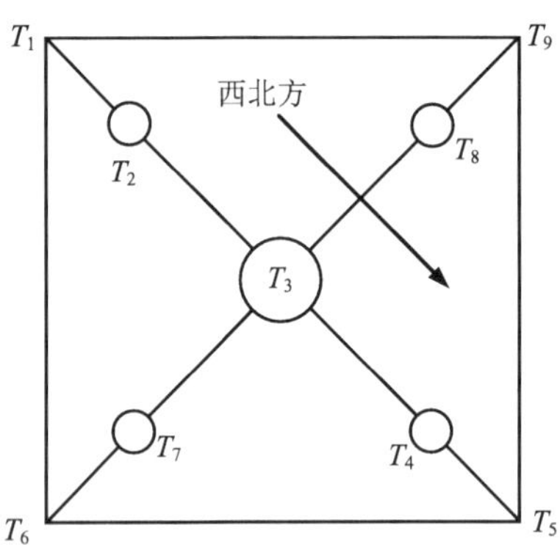

图 4-1 高沙窝地区油蒿覆被下生物结皮取样位置

在磴口地区，沿常年主导风向（西南）选取油蒿灌木丛 117 株，生物结皮种类为地衣结皮。以油蒿基部为中心，测量沿西南方向上迎风面距离油蒿 40～60 cm 与 20～40 cm 的地衣结皮厚度，植株基部地衣结皮厚度，其他方向上在相同距离 40～60 cm 与 20～40 cm 设置点位如图 4-2 所示，一共 9 个点，分别为 T1、T2、T3、T4、T5、T6、T7、T8 和 T9，重复样本 5 次。

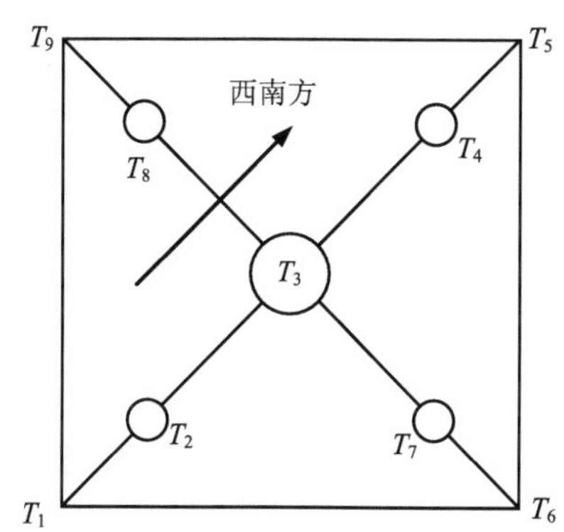

图 4-2 磴口地区油蒿覆被下生物结皮取样位置

运用公式如下：

$$A = L_1 + L_2 \tag{4-14}$$

式中，A—— 油蒿植株冠幅面积，cm^2；

L_1—— 长冠幅，cm，

L_2—— 短冠幅，cm。

$$V = A \times H \tag{4-15}$$

式中，V—— 油蒿植株体积，cm^3；

H—— 油蒿植株高度，cm。

$$T_a = T_3 \tag{4-16}$$

$$T_b = \frac{T_2 + T_4 + T_7 + T_8}{4} \tag{4-17}$$

$$T_c = \frac{T_1 + T_5 + T_6 + T_9}{4} \tag{4-18}$$

$$T_{60} = \frac{T_a \times 20^2 + T_b \times (40^2 - 20^2) + T_c \times (60^2 - 40^2)}{60^2} \tag{4-19}$$

式中，T_{60}—— 在油蒿周围 60 cm 的范围内地衣结皮平均厚度，cm；

T_a—— 在 0～20 cm 的地衣结皮平均厚度，cm；

T_b—— 在 20 ～40 cm 的地衣结皮平均厚度，cm；

T_c—— 在 40～60 cm 的地衣结皮平均厚度，cm。

4.3 生物结皮理化性质

4.3.1 生物结皮生物量

测量苔藓结皮的生物量的方法如下：在样地内选取 100 cm^2 的正方形苔藓结皮，将结皮表面枯落物和杂物去除。首先将苔藓结皮完全浸入水中，待结皮中水分饱和之后，用 2 mm、1 mm、0.5 mm、0.25 mm、0.1 mm 土壤筛分不同颗粒大小过滤掉不要的沙土。由于苔藓结皮的叶片和茎的直径均大于 0.1 mm，在过滤的过程中不会和沙土混淆，最后用容器将过滤出来的叶片和茎清洗干净，带回实验室进行生物量的测量。采用 30℃恒温，在烘箱内干燥 48 h 后，称量苔藓结皮的叶片和茎的干重。

苔藓生物量（g/cm^2）=苔藓干重（g/cm^2）×盖度（%）（4-20）

测量藻类和地衣结皮的生物量的方法如下：通常情况下，测量藻类和地衣结皮生物量时用结皮中的叶绿素 a 含量来代表（Li et al.，2005；Li et al.，2010）。选取 0.5g 自然状态下的生物结皮，在暗室内对生物结皮进行研磨，并加入 25 mL 乙醇（体积分数为 98%），进行充分振荡，在实验内存放 30 h 之后抽提溶液，放置在离心机上进行离心处理，离心过后只取溶液的上清液，最后利用分光光度计测定吸光度值（A）（在 663 nm、647 nm 和 470 nm 处）：

$$\text{叶绿素a} = \frac{(12.25 \times A_{663} - 2.79 \times A_{647}) \times V}{1\,000 \times F_w} \tag{4-21}$$

式中，V—— 提取液体积，mL；

F_w—— 叶片鲜重，g。

4.3.2 生物结皮物理性质

（1）土壤容重

土壤物理性质的测定采用经典的环刀法测定。在毛乌素沙地和乌兰布和沙漠的样地内，挖掘 10 cm 深的剖面，将剖面平整后，用 3 个已称重的环刀（环刀有孔盖并垫有滤纸，重量为 G，体积为 100 cm^3）取原状土，盖好盖后立即称重。称重后将环刀揭掉上盖，将有孔带有滤纸一端浸入水中至环刀上沿，吸水 12 h，使非毛细管孔隙和毛细管孔隙充满水后，取出环刀擦拭后称重（A）。称重后将去掉上盖，将有孔一端放进干沙上 2 h，使环刀中土壤的非毛细管水排出，然后盖上盖称重（B）。称重后将环刀放入烘箱内烘干至恒重（D）。试验样地的土壤容重、总孔隙度和毛管孔隙度分别按照以下公式计算：

$$R = \frac{D - G}{V} \tag{4-22}$$

式中，R—— 土壤容重，g/cm^3；

D—— 环刀和干土重量，g；

G—— 环刀重量，g；

V—— 环刀的容积，cm^3。

$$W_c = \frac{A-D}{D-G} \times 100\% \tag{4-23}$$

式中，W_c—— 最大持水质量分数，%；

A—— 浸泡 12 h 后的环刀和湿土重量，g；

D—— 环刀和干土重量，g；

G—— 环刀重量，g。

$$W_R = \frac{B-D}{D-G} \times 100\% \tag{4-24}$$

式中，W_R—— 毛管持水质量分数，%；

B—— 在干沙上放 2 h 后环刀和湿土重，D 和 G 同上。

$$F_c = (W_c - W_R) \times R \tag{4-25}$$

式中，F_c—— 非毛管孔隙度，%；

W_c—— 最大持水量；

W_R—— 毛管持水量；

R—— 土壤容重。

$$F_R = W_R \times R \tag{4-26}$$

式中，F_R—— 毛管孔隙度，%；

W_R 和 R 同上。

$$F = F_c + F_R \tag{4-27}$$

式中，F—— 总孔隙度，%；

F_c—— 非毛管孔隙度，%；

F_R—— 毛管孔隙度，%。

（2）土壤自然含水量

选取毛乌素沙地和乌兰布和沙漠样地内有苔藓、地衣和藻类结皮覆盖的样地，分别取生物结皮层、0～5 cm、5～10 cm、10～15 cm 和 15～20 cm 五层沙土层，并取无生物结皮覆盖相同深度沙土层作为裸沙对照处理。同时，选取有苔藓、地衣和藻类结皮覆盖的样地，分别取生物结皮层、0～5 cm、5～10 cm、10～15 cm、15～20 cm、20～30 cm、30～40 cm 和 40～50 cm 八层沙土层，并取无生物结皮覆盖相同深度沙土层作为裸沙对照处理，以上土样均取 5 组重复，有铝盒法测定土壤自然含水量，具体方法如下：

$$C=\frac{W_1-W_2}{W_2-W_{盒}}\times 100\% \tag{4-28}$$

式中，C—— 土壤含水量，%；

W_1—— 烘干前土样和铝盒总重，g；

W_2—— 烘干后干土样和铝盒总重，g；

$W_{盒}$—— 铝盒重量，g。

（3）土壤机械组成

土壤机械组成测定采用比重计法。在毛乌素沙地和乌兰布和沙漠的样地内，对有结皮覆盖的区域取表层土壤和结皮下 0～10 cm 深的原状土，对无结皮覆盖区域取 0～10 cm 深的原状土，并做好标记，防止混淆。

将所有样品过 2 mm 土筛，然后用天平准确称取风干土壤样品 10～20g，置于 500 mL 三角烧瓶中，加少量蒸馏水湿润土壤，后加入过氧化氢 20 mL，同时搅拌。然后利用酸度计测定土壤 pH，并根据 pH 加入分散剂和 250 mL 蒸馏水，振荡破坏土壤团聚体结构。待充分破坏土壤团聚体结构后，将溶液倒入量筒中，并为确保溶液完全倒入量筒，多次冲刷三角烧瓶，将液体均倒入量筒。最后定容为1 000 mL。用搅拌棒搅拌量筒中的悬液，使其混合均匀，然后开始计时，分别在 1 min 和 2 h 用比重计读数。然后利用以下公式即可得出砂粒所占比例：

$$\text{砂粒所占比例}(\%)=\frac{\text{样品重}-1\text{min读数}}{\text{样品重}}\times 100\% \qquad (4\text{-}29)$$

$$\text{粉粒所占比例}(\%)=\frac{1\text{min读数}-2\text{h读数}}{\text{样品重}}\times 100\% \qquad (4\text{-}30)$$

$$\text{黏粒所占比例}(\%)=\frac{2\text{h读数}}{\text{样品重}}\times 100\% \qquad (4\text{-}31)$$

4.3.3 生物结皮化学性质

土样采集时间为 2011 年 8 月，分别采集于沙泉湾和磴口地区。取样方法如下：选取有苔藓、地衣和藻类结皮覆盖的样地，分别取生物结皮层、0～5 cm 沙土层、5～10 cm 沙土层、10～15 cm 沙土层和 15～20 cm 沙土层五层，并取无生物结皮覆盖 0～5 cm 沙土层、5～10 cm 沙土层、10～15 cm 沙土层和 15～20 cm 沙土层作为裸沙对照处理，以上土样均取 5 组重复。土样化学性质测定方法如下：

（1）pH 的测定：本实验采用滴定法测定土样的 pH。

（2）有机质的测定：采用容量法测定生物结皮和沙土的有机质含量，均采取 5 组重复。

计算结果：

$$\text{有机质含量}(\text{g}/\text{kg})=\frac{\frac{S_c}{V_0}\times(V_0-V)\times 0.001\times 3.0\times 1.1}{m\times k}\times 1\,000 \qquad (4\text{-}32)$$

式中，S_c —— 重铬酸钾溶液的浓度，mol/L；

V_0 —— 硫酸亚铁体积，mL；

1.1 —— 氧化的校正系数；

m —— 土样的质量， g；

k —— 烘干土转变为风干土的系数。

$$土壤有机质含量（g/kg）=有机碳含量（g/kg）\times 1.724 \qquad (4\text{-}33)$$

式中，1.724 —— 有机碳转变为土壤有机质系数。

（3）全氮的测定：采用半微量凯氏法测定生物结皮和沙土的全氮含量，均采取 5 组重复。

计算结果：

$$全氮量（g/kg）=\frac{(V_0-V)\times c\times 0.014}{m}\times 1\,000 \qquad (4\text{-}34)$$

式中，V_0 —— 滴定空白时用酸体积，mL；

V —— 滴定试液时用酸体积，mL；

c —— 硫酸溶液浓度，mol/L；

m —— 风干土样的质量，g。

（4）速效钾的测定：采用火焰光度法测定生物结皮和沙土的速效钾含量，均采取 5 组重复。

计算结果：

$$速效钾含量（mg/kg）=待测液的浓度（\mu g/ml）\times\frac{V}{m} \qquad (4\text{-}35)$$

式中，V —— 加入浸提剂的体积，mL；

m —— 烘干土样的质量，g。

（5）速效磷的测定：采用 0.05 mol/L $NaHCO_3$ 法测定生物结皮和沙土的速效磷含量，均采取 5 组重复。

计算结果：

$$速效磷含量（mg/kg）=\frac{\rho \times V \times t_s}{m \times 10^3 \times k} \times 1\,000 \tag{4-36}$$

式中，ρ—— 从标准曲线上差得磷的质量浓度，μg/mL；

V—— 显色时溶液滴定的体积，mL；

t_s—— 分取倍数（即浸提液总体积与显色对吸取浸提液体积之比）；

m—— 风干土质量，g；

10^3—— 将μg 换算成 mg；

k—— 将风干土换算成烘干土质量的系数。

（6）土壤酶的测定：土壤脲酶活性采用奈氏比色法对生物结皮和沙土进行测定，用 24h 后 1g 土壤中 NH_3-N（mg）的含量来表示；土壤过氧化氢酶采用高锰酸钾容量法对生物结皮和沙土进行测定，用 20 min 后 1g 土壤的 0.1 mol/L 高锰酸钾（mL）的含量来表示（关松荫，1986）。

4.4 生物结皮对水分渗透的影响

4.4.1 不同立地条件下生物结皮对水分入渗作用的影响

本书研究生物结皮对水分渗透作用影响一共分为两个阶段，分别为 2010 年宁夏盐池生态站、2011 年内蒙古磴口地区。所有阶段实验均选择相对平坦的地区，忽略坡度、坡向对实验结果的影响。

（1）第一阶段

本阶段实验主要采取随机取样的方法，分别选取油蒿、杨柴、花棒群落共 6 个样地，在样线上做 48 个 4 m×4 m 的样方，记录样方的海拔高度和经纬度。

在自然状态下，取有油蒿、杨柴和花棒覆盖下藻类、地衣和苔藓结皮各16组，并取结皮下表层沙土，将土样放入自封袋中。采用模拟降雨的方式，降雨用水来源于生活用水，降雨的面积为50 cm×50 cm大小。降雨量为2 mm、5 mm、10 mm、15 mm和25 mm，由于采用匀速降雨的方式，降雨强度相同。在模拟降雨的同时，挖取土层剖面，对降雨湿润锋的变化进行测量，直到水分渗透过程的结束。在模拟降雨的过程中，均不产生地表径流，同时忽略蒸发对实验的影响。最后用铝盒法取湿结皮和湿沙，连同之前取到的干结皮、干沙，带回北京林业大学水土保持国家重点实验室测量土壤含水量。

最后在样方内进行植被调查，测量油蒿、杨柴和花棒灌木丛的高度和长、短冠幅，估读样方内植被的覆盖度和生物结皮覆盖度。

（2）第二阶段

本阶段实验主要采取随机取样的方法，分别选取油蒿、柽柳植株群落内共4个样地，在样线上做32个4 m×4 m的样方，记录样方的海拔高度和经纬度。

在自然状态下，取有油蒿和柽柳覆盖下地衣结皮各16组，并取结皮下表层沙土，将土样放入自封袋中。采用模拟降雨的方式，降雨用水来源于生活用水，降雨的面积为50 cm×50 cm大小。降雨量为2 mm、5 mm、10 mm、15 mm和25 mm，由于采用匀速降雨的方式，降雨强度相同。在模拟降雨的同时，挖取土层剖面，对降雨湿润锋的变化进行测量，直到水分渗透过程的结束。在模拟降雨的过程中，均不产生地表径流，同时忽略蒸发对实验的影响。最后用铝盒法取湿结皮和湿沙，连同之前取到的干结皮、干沙，带回北京林业大学水土保持国家重点实验室测量土壤含水量。

最后在样方内进行植被调查，测量油蒿和柽柳植株的高度和长、短冠幅，估读样方内植被的覆盖度和生物结皮覆盖度。

4.4.2 水分入渗特征的数学模型

根据土壤水分入渗特征的理论模型、经验模型和混合模型等，具体方法如下：

Kostiakov 模型：

$$f(t) = mt^{-n} \tag{4-37}$$

Horton 模型：

$$f(t) = f_c + (f_0 - f_c) \times e^{-kt} \tag{4-38}$$

Philip 模型：

$$f(t) = 0.5st^{-0.5} + a \tag{4-39}$$

式中，$f(t)$ —— 入渗速度，mm/min；

t —— 入渗时间，min；

f_0 —— 初渗速度，mm/min；

f_c —— 稳渗速度，mm/min；

m、n、k、s、a —— 实验求得的参数。

4.5 生物结皮对水分蒸发的影响

选取毛乌素沙地和乌兰布和沙漠样地内的藻类、地衣和苔藓结皮，装入自封袋中，带回北京林业大学水土保持国家重点实验室内进行生物结皮层对水分蒸发影响的模拟实验。

试验方法如下：选取小烧杯（底面半径为 2.15 cm，高度为 6 cm），在烧杯内倒入自然状态沙土 80 g。然后，将三种生物结皮覆盖在相应的沙土表面，并留有裸沙对照组。最后，采用 2 mm、5 mm、10 mm、15 mm 和 25 mm 不同降水量进行模拟降雨实验。实验期间，每天晚上 9 时用电子天平（精度为 0.001 g）测量每种覆被下土样损失的重量，直到重量不再减小为止，持续时间为 5 d。每种覆被方式模拟降雨均采取 3 组重复。

4.6 凝结水量

本项实验于 2013 年在高沙窝和磴口地区进行，观测时间选择为荒漠化植被生长季（5 月中旬到 9 月中旬）。

到目前为止，观测凝结水没有国际公认的方法，一般均采用微型蒸渗计进行观测(Feng et al., 1998; Liu et al., 2006; 张静等, 2009)。自制微型蒸渗计是由直径 8 cm、高 6 cm 的 PVC 管制作而成，将裸露沙地（以下简称裸沙）、藻类结皮、地衣结皮和苔藓结皮四种类型地表作为观测对象，生物结皮样地选取在当地固定沙丘的坡上、背风坡中下部、坡下和迎风坡中上部，分别代表四种地表类型。

为了减少人为对地表的干扰和破坏，在土样采集前需要湿润生物结皮表面。然后将 PVC 管垂直结皮表面按入土壤中，采集原状土，再将 PVC 管底部用防水胶带封住。每组做 4 次重复实验。实验前需要晒干原状土，直到其重量基本为定值。为了实验的过程更符合自然状态，选择相同的立地条件来分配土样。如果在观测期间遇到降雨情况，需要在降雨过程结束后，蒸渗计重新变成恒定值才能继续观测。具体观测时间安排如下。在高沙窝地区：2013 年 7 月 11 日—8 月 16 日（7 月 25—29 日下雨，30 日、31 日没有观测）；在磴口地区：2013 年 7 月 19 日—8 月 24 日（7 月 27 日、31 日、8 月 4—6

日、20 日、21 日下雨）。观测日的每天 19：00 和次日 7：00 之间（降雨情况除外），采用 1/1 000 的电子天平对蒸渗计进行称重，每天重量的变化就为夜间形成的凝结水量。为了减少误差，需要在每次称重前，除去蒸渗计表面和底部沙粒。观测凝结水形成过程从每天 19：00 开始，相隔 2 h 进行 1 次记录；观测蒸发过程从每天 7：00 开始，相隔 30 min 进行 1 次记录。如果蒸渗计重量增加，便形成了凝结水，重量减少，水分便蒸发了。记录观测期间的空气相对湿度、地表温度和大气温度等气象数据。

最后将凝结水量用高度来替换质量，公式如下：

$$H = \frac{10 \times m}{\rho \times \pi \times r^2} \tag{4-40}$$

式中，H—— 凝结水量，mm；

m—— 蒸渗计重量变化，g；

r—— 蒸渗计的半径，cm；

ρ—— 水的密度，g/cm^3。

4.7 数据分析

本书运用 SPSS 20.0（SPSS Inc.，1989—2011）对数据进行分析。采用单因素方差分析生物结皮厚度在灌木不同位置的关系、生物结皮含水量的关系、结皮下层沙土含水量的关系，采用 Pearson 相关性分析方法分析生物结皮与下层沙土含水量的关系。本书采用 Origin9.0（OriginLab Inc.，Northampton，MA，USA）和 Surfer8.0 绘制用图。

第5章　不同荒漠生态系统植物群落特征和物种多样性

5.1　不同荒漠生态系统植物群落特征

5.1.1　毛乌素沙地

通过对盐池定位站生态站内48个样地的调查可以得出，共有植物种类13种，分为一年生草本、多年生草本、小灌木和灌木四种类型（表5-1），其中一年生草本为刺沙蓬（*Salsola ruthenica*）、沙蓬（*Agriophyllum squarrosum*）、猪毛菜（*Salsola paulsenii*）、星状刺果藜（*Echinopsilon divaricatum*），多年生草本包括短花针茅（*Stipa breviflora*）、地梢瓜（*Cynanchum thesioides*）、苦豆子（*Sophora alopecuroides*）、赖草（*Leymus secalinus*）、沙鞭（*Psammochloa villosa*），小灌木包括油蒿（*Artemisia ordosica*）和白沙蒿（*Artemisia sphaerocephala*），灌木包括花棒（*Hedysarum scoparium*）和杨柴（*Astragalus mongolicm*）。植物种分别属于6科11属，其中包括菊科、豆科、萝藦科、禾本科、藜科和苋科。在植物种组成中，草本占69.2%（其中一年生草本占30.8%，多年生草本占38.5%），灌木占30.8%（其中小灌木占15.4%）。

表 5-1　毛乌素沙地不同群落植被组成及重要值

植物种名	拉丁名	科属	类型	油蒿群落	花棒群落	杨柴群落
油蒿	*Artemisia ordosica*	菊科蒿属	小灌木	49.6	12.2	10.1
花棒	*Hedysarum scoparium*	豆科岩黄耆属	灌木	0	24.1	0
杨柴	*Astragalus mongolicm*	豆科黄耆属	灌木	0	0	23.3
白沙蒿	*Artemisia sphaerocephala*	菊科蒿属	小灌木	7.4	0	0
地梢瓜	*Cynanchum thesioides*	萝藦科鹅绒藤属	多年生草本	6.9	5.7	6.1
短花针茅	*Stipa breviflora*	禾本科针茅属	多年生草本	7.7	6.8	6.5
苦豆子	*Sophora alopecuroides*	豆科槐属	多年生草本	8.1	8.9	9.2
赖草	*Leymus secalinus*	禾本科赖草属	多年生草本	0	8.2	7.9
沙鞭	*Psammochloa villosa*	禾本科沙鞭属	多年生草本	8.6	7.3	7.2
星状刺果藜	*Echinopsilon divaricatum*	藜科雾冰藜属	一年生草本	5.9	7.8	7.7
刺沙蓬	*Salsola ruthenica*	藜科猪毛菜属	一年生草本	0	6.7	6.5
猪毛菜	*Salsola paulsenii*	藜科猪毛菜属	一年生草本	0	7.6	7.8
沙蓬	*Agriophyllum squarrosum*	苋科沙蓬属	一年生草本	5.8	7.4	7.7

植物种群在各自群落中所占优势程度由重要值表示。植物在群落中的重要值越大，说明其优势地位越高，反之则越低（王蕙，2013）。植物群落的不同，导致优势种群的不同，这在一定程度上体现了该地区植被恢复的情况。对盐池样地内油蒿、杨柴和花棒群落的植物种组成进行调查可以得出：油蒿群落中植物种数量为 8 种，以油蒿

为优势种，其重要值最高达 49.6%，草被层侵入的物种主要以苦豆子和沙鞭等多年生草本为主，伴有沙蓬、猪毛菜等一年生草本。其中苦豆子和沙鞭的重要值分别为 8.1%和 8.6%，为次优势种，而沙蓬的重要值最低为 5.8%。杨柴群落中植物种数量为 11 种，杨柴的重要值最高，为 33.4%，是优势种，而油蒿为 10.1%，为次优势种，地梢瓜的重要值同样最低（6.1%）；花棒群落中植物种数量同样为 11 种，花棒的重要值最高，达 36.3%，油蒿为 12.2%，为次优势种，而地梢瓜的重要值最低（5.7%）。在样地内观察可知，油蒿群落中少有杨柴和花棒等灌木的存在，也缺少刺沙蓬和猪毛菜这样的一年生草本。另外，杨柴与花棒无伴生情况发生，以杨柴或花棒为优势种的群落中，会有油蒿的生长，一般油蒿株型较小，通常作为次优势种。

作为沙区植物群落结构的重要特征，优势种种类的组成与更替对群落的演替具有重要的影响，其标志群落演替的不同阶段（王炜等，1996；闫玉春和唐海萍，2007）。三种植物群落中优势种的组成受到当地土壤水分条件、理化性质等因素的制约。盐池当地，目前处于半固定沙地向固定沙地转变的过程，杨柴和花棒先行进入定居和生长。随着沙土固定进程的推进，生物结皮开始形成和发育，在结皮厚度逐渐增大的同时，其阻碍下层土壤对水分吸收利用的能力增强，植被对水分吸收量的减小，加上生物结皮与植被竞争林下养分情况，导致局部生态系统的破坏和退化，这样更加剧了两者之间的竞争关系。在杨柴和花棒为优势种的群落中，生物结皮生长年限较长，其掠夺水分和养分的同时，造成杨柴和花棒的衰败，其群落优势的地位也受到威胁。作为次优势种的油蒿，形成的年限较短，覆被生物结皮仍处于初级阶段，局部小生态环境好于杨柴和花棒，从而造成优势种的更替，油蒿逐渐取代杨柴和花棒，成为优势种，其群落也变成油蒿为优势种的群落。

在盐池定位站生态站，自然封育区植被恢复速度较慢，群落演替发展也较慢。人工措施与自然封育相结合的区域植被恢复速度明显加快，群落演替发展也加快，其物种的丰富度差于自然封育区，形成以油蒿为优势种的大片区域，这样也预示着当地植物群落演替的方向规律。

5.1.2 乌兰布和沙漠

通过对磴口沙林中心的 32 块样地的调查可以得出，共有植物种类 12 种，分为一年生草本、多年生草本、小灌木和灌木或小乔木四种类型（表 5-2），其中一年生草本包括猪毛菜（*Salsola paulsenii*）、沙蓬（*Agriophyllum squarrosum*）、刺沙蓬（*Salsola ruthenica*）、尖头叶藜（*Chenopodium acuminatum*），多年生草本包括芦苇[*Phragmites australis*（Cav.） Trin. ex Steud.]、盐爪爪[*Kalidium foliatum*（Pall.） Moq.]、苦苦菜（*Herba Taraxaci*）和沙鞭（*Psammochloa villosa*），小灌木包括油蒿（*Artemisia ordosica*）、沙棘（*Hippophae rhamnoides* Linn.）和白刺（*Nitraria*），灌木或小乔木为柽柳（*Salix psammophila*）。植物种分别属于 7 科 11 属，其中包括柽柳科、菊科、胡颓子科、藜科、蒺藜科、禾本科、苋科。在植物种组成中，草本占 66.7%（其中一年生草本多年生草本各占 33.3%），灌木占 33.3%（其中小灌木占 25%）。

对磴口样地内油蒿和柽柳群落的植物种组成进行调查可以得出：油蒿群落中植物种数量为 9 种，以油蒿为优势种，其重要值最高达 42.8%，草被层侵入的物种主要以芦苇和猪毛菜为主，伴有沙棘、白刺和盐爪爪等草本。其中芦苇和猪毛菜的重要值分别为 8.9% 和 8.1%，为次优势种，而刺沙蓬的重要值最低为 5.5%。柽柳群落中植物种数量为 11 种，柽柳的重要值最高，为 53.4%，是优势种，而盐爪爪次之，为 7.4%，为次优势种，而尖头叶藜的重要值最低为

2.8%。在样地内观察可知，油蒿和柽柳几乎无伴生情况发生。在以油蒿为优势种的群落中，油蒿死亡现象明显；而在以柽柳为优势种的群落中，柽柳枝叶粗壮，冠幅巨大。

表 5-2　乌兰布和沙漠不同群落植被组成及重要值

植物种名	拉丁名	科属	类型	油蒿群落	柽柳群落
柽柳	*Salix psammophila*	柽柳科柳属	灌木或小乔木	0	53.4
油蒿	*Artemisia ordosica*	菊科蒿属	小灌木	42.8	0
沙棘	*Hippophae rhamnoides* Linn.	胡颓子科沙棘属	小灌木	6.1	3.6
白刺	*Nitraria*	蒺藜科白刺属	小灌木	7.8	3.1
盐爪爪	*Kalidium foliatum*（Pall.）Moq.	藜科盐爪爪属	多年生草本	6.2	7.4
沙鞭	*Psammochloa villosa*	禾本科沙鞭属	多年生草本	6.4	3.3
芦苇	*Phragmites australis*（Cav.） Trin. ex Steud.	禾本科芦苇属	多年生草本	8.9	4.1
苦苦菜	*Herba Taraxaci*	菊科	多年生草本	0	4.0
猪毛菜	*Salsola paulsenii*	藜科猪毛菜属	一年生草本	8.1	5.1
沙蓬	*Agriophyllum squarrosum*	苋科沙蓬属	一年生草本	6.1	4.3
刺沙蓬	*Salsola ruthenica*	藜科猪毛菜属	一年生草本	5.5	4.1
尖头叶藜	*Chenopodium acuminatum*	苋科藜属	一年生草本	0	2.8

柽柳群落中物种数量明显多于油蒿群落。产生这一结果主要有以下三种原因：①在磴口当地，紧邻黄河上游，地下水分条件优良，柽柳作为灌木或小乔木，根系发达，深根性很强，冠幅巨大，对群落内小灌木和草本具有很好的保护作用，而油蒿作为小灌木，根系相对柽柳呈现浅层化的状态，冠幅较小，并且死亡率较大，对草本

保护作用较小；②柽柳群落多集中在地势低洼地区，而油蒿群落多集中在地势较高的地区，这样导致柽柳和油蒿对水分的利用情况的不同；③王蕙（2013）认为草本植物多度与浅层土壤水分紧密相关。柽柳覆被下枯落物和生物结皮的厚度较大，使降水能够保持在较浅的土层中，利于小灌木和草本根系对水分的吸收利用，而油蒿群落覆被下枯落物和生物结皮的厚度较小，甚至没有覆盖土表，降水全部被沙土深层的油蒿根系吸收，草本和其他小灌木很难存活。与盐池相比，磴口的地下水分条件更优秀，这样使磴口当地的优势群落的物种数量表现与盐池存在差异。

在磴口沙林中心，样地设置在人工围封的区域边缘，由于无人干扰，该区域符合植物群落演替的自然状态。以油蒿为优势种的群落中出现油蒿大量死亡的现象，柽柳群落更容易演替发展成为当地的优势群落。

5.2 不同荒漠生态系统物种多样性

群落的结构组成、发展水平、稳定程度和生态环境的差异性主要通过其物种多样性、均匀度和优势度等指标来体现（彭少麟，1989）。群落物种多样性的变化与植被演替规律紧密相关，物种的多样性变化能够反映出植被演替进程的特点（李新荣等，2000）。从而群落中植物种的组成和生态环境的差异，导致了物种多样性的差异性。

5.2.1 毛乌素沙地

通过表 5-3 可以得出，油蒿群落 Shannon-Wiener 信息指数（H=1.649±0.116），Margalef 丰富度指数（M=1.237±0.254）和 Pielou 均匀度指数（E=0.793±0.019）为最小，而 Simpson 多样性指数

（D=0.287±0.068）为最大。另外杨柴群落 Shannon-Wiener 信息指数（H=2.264±0.094），Margalef 丰富度指数（M=1.770±0.176）和 Pielou 均匀度指数（E=0.944±0.011）为最大，而 Simpson 多样性指数（D=0.121±0.015）为最小。说明油蒿群落优势种（油蒿）处于明显优势地位，丰富度最低，并且均匀性单一，杨柴群落中优势种（杨柴）优势地位最不明显，群落多样性水平最低，花棒群落处于两者之间，这也在一定程度上表明油蒿在盐池当地的适应性最强，以油蒿为优势种的群落逐渐取代其他植被成为当地的优势群落，与上文的研究结果相一致。

表 5-3　毛乌素沙地不同植物群落多样性指数

植被群落	Shannon-Wiener	Margalef	Simpson	Pielou
油蒿群落	1.649±0.116a	1.237±0.254a	0.287±0.068a	0.793±0.019a
花棒群落	2.262±0.094b	1.763±0.197b	0.122±0.016b	0.943±0.008b
杨柴群落	2.264±0.094b	1.770±0.176b	0.121±0.015b	0.944±0.011b

注：a、b 表示为差异性显著（$p<0.05$）。

5.2.2　乌兰布和沙漠

通过表 5-4 可以得出，油蒿群落 Shannon-Wiener 信息指数（H=1.840±0.109），Margalef 丰富度指数（M=1.402±0.163）和 Simpson 多样性指数（D=0.231±0.053）为最小，而 Pielou 均匀度指数（E=0.837±0.012）为最大。另外柽柳群落 Shannon-Wiener 信息指数（H=1.965±0.077），Margalef 丰富度指数（M=1.769±0.212）和 Simpson 多样性指数（D=0.337±0.090）为最大，而 Pielou 均匀度指数（E=0.695±0.007）为最小。说明柽柳群落中优势种（柽柳）的优势地位明显最高，群落中均匀性较低，而油蒿群落中优势种（油

蒿）的优势地位没有那么明显，群落均匀性较好，这同样表明以柽柳为优势种的群落逐渐演替为磴口当地的优势群落，与上文的研究结果相同。

表 5-4　乌兰布和沙漠不同植物群落多样性指数

植被群落	Shannon-Wiener	Margalef	Simpson	Pielou
油蒿群落	1.840±0.109a	1.402±0.163a	0.231±0.053a	0.837±0.012a
柽柳群落	1.965±0.077b	1.769±0.212b	0.337±0.090b	0.695±0.007b

注：a、b 表示为差异性显著（$p<0.05$）。

5.3　讨论

灌木作为荒漠化地区最为显著的植物群落类型（李新荣等，2009），能够保持荒漠化生态系统的多样性，为其稳定的演替发展做出贡献（Garner & Steinberger，1989；周志宇等，2009）。研究毛乌素沙地和乌兰布和沙漠中优势群落的重要值和物种多样性指标，能够更好地分析出研究区的优势群落。在毛乌素沙地，优势群落为油蒿群落，而在乌兰布和沙漠，优势群落为柽柳群落。找出两种荒漠生态系统中的优势群落，可以找出群落的演替方向。植物群落演替过程中，由于生物结皮的存在，使地表水分大多汇集于浅层土壤中，深根系的植被根部因无法及时补充水分而死亡，这也造成了该植物群落的衰败，而浅根系灌木和草本得到水分的补给而继续生长，这就使浅根系灌木和草本群落成为当地的优势群落，根据植物演替的发展方向，草本群落占据最大的优势，其对水分要求没有灌木高，最终会淘汰灌木群落，而低等植物对水分的补给要求也同样影响着草本群落的演替方向（肖洪浪等，2003）。在毛乌素沙地植物群落的演替方向为杨柴和花棒群落向油蒿群落演替发展；而乌兰布和沙漠植物群落的演替方向为油蒿群落向柽柳群落演替。作为油蒿群落，在两个不同荒漠生态系统中扮演的角色有所不同，从而能够更好地分析优势群落中的生物结皮的分布和水文特征。

5.4 小结

（1）根据毛乌素沙地中样地调查，植物种分别属于 6 科 11 属，其中包括菊科、豆科、萝藦科、禾本科、藜科和苋科。在植物种组成中，草本占 69.2%（其中一年生草本占 30.8%，多年生草本占 38.5%），灌木占 30.8%（其中小灌木占 15.4%）。该地区植物种类与数量发生明显变化，油蒿群落中植物种数量为 8 种，以油蒿为优势种，杨柴和花棒群落中植物种数量均为 11 种，优势种分别为杨柴和花棒。群落植物组成和多样性特征表现的趋势为：油蒿群落＞花棒群落＞杨柴群落。杨柴和花棒群落中的油蒿逐渐取代成为优势种，而油蒿群落也将逐渐演替成为当地的优势群落。

（2）根据乌兰布和沙漠样地调查，共有植物种类 12 种，植物种分别属于 6 科 11 属，其中包括菊科、豆科、萝藦科、禾本科、藜科和苋科。在植物种组成中，草本占 69.2%（其中一年生草本占 30.8%，多年生草本占 38.5%），灌木占 30.8%（其中小灌木占 15.4%）。该区域植物种类和数量同样有着明显的不同，油蒿群落中植物种数量为 9 种，以油蒿为优势种，而柽柳群落中植物种数量为 11 种，柽柳的重要值最高，为 53.4%，是优势种。群落植物组成和多样性特征表现的趋势为：柽柳群落＞油蒿群落。由于柽柳和油蒿没有伴生关系，导致柽柳群落将逐渐取代油蒿群落成为当地的优势群落。

第 6 章　不同荒漠生态系统生物结皮类型及其分布特征

在荒漠化生态系统中，生物结皮的类型和分布特征与地形地貌、立地条件等因素密切相关。生长在毛乌素沙地和乌兰布和沙漠的生物结皮类型主要包括藻类、地衣类、苔藓类结皮等（Harper & Pendleton，1993）。不同沙生灌木群落中植被优势种的不同，导致生物结皮的类型和分布特征也不尽相同。优势种覆被下生物结皮常常出现伴生状态，并且生物结皮的分布特征对地形地貌条件具有较强的选择性（张军红，2013）。本实验在盐池定位站、高沙窝和磴口三地进行，探讨不同荒漠生态系统中，不同优势沙生灌木群落生物结皮类型和分布情况，以期找出其变化规律。

6.1　不同优势沙生灌木群落生物结皮类型

生物结皮结构复杂，由生物成分和非生物成分共同组成。在生物结皮的表面既有能够通过肉眼看见的隐花植物，又有看不到的微生物。由于生物成分的差异，其外观也表现出不同的形态特征，一般可将生物结皮分为灰色的藻类结皮、褐色或者深褐色的地衣结皮和绿色或者黄绿色的苔藓结皮。一般情况下，对生物结皮类型的鉴定在一定程度上取决于调查者的主观判断，根据生物结皮中的优势种和指示种进行类型的识别。在本书中，根据生物结皮外观的差异，将荒漠生态系统中的生物结皮分为藻类结皮、地衣结皮和苔藓结皮三类。

表 6-1 为两种荒漠生态系统群落内生物结皮的类型特征。通过上文（第 5 章）可以得出，在毛乌素沙地，油蒿、杨柴和花棒是研究区的优势群落，三种沙生灌木也分别为其群落的优势种植被。在盐池定位站地区，油蒿群落内，油蒿植被覆被下主要分布藻类、地衣和苔藓三种生物结皮。在毛乌素沙地中藻类结皮的优势种为具鞘微鞘藻（Microcoleus vaginatus），地衣结皮的优势种为胶衣（Collema tenax），苔藓结皮的优势种为拟双色真藓（Byum argenteum）。其中地衣和苔藓结皮比例较大，而藻类结皮较少；在覆被外，藻类结皮的比例迅速增大，而苔藓结皮因缺少植被冠幅的保护减少得很多，地衣结皮也有减少，但是还是没有苔藓减少得严重。在杨柴群落内，苔藓结皮分布最少，只在覆被下有一小部分存在，在杨柴覆被下比例最大的是地衣结皮，覆被外比例最大的是藻类结皮。在花棒群落内，苔藓结皮比例也很少，也只是在花棒覆被下有生长的情况，比例最大的还是地衣结皮，而在覆被外藻类结皮占最大的比例。通过上文（第 5 章）也可以得出，在乌兰布和沙漠，油蒿、柽柳是当地优势群落中的优势种植被。在乌兰布和沙漠中藻类、地衣和苔藓结皮的优势种分别为具鞘微鞘藻（Microcoleus vaginatus）、胶衣（Collema tenax）和拟双色真藓（Byum argenteum）。在油蒿覆被下，地衣和苔藓结皮伴生生长，藻类结皮比例很少，而在覆被外出现相反的情况，藻类结皮开始增加，占最大的比例，而地衣和苔藓结皮很少。在柽柳覆被下，苔藓结皮比例最大，地衣结皮次之，最小的是藻类结皮，在覆被外也出现相反的情况，藻类结皮比例最大，地衣结皮次之，苔藓结皮较少生长。

表 6-1 群落内生物结皮类型

生态系统	群落位置	群落优势种	生物结皮类型	群落生物结皮类型情况
毛乌素	盐池定位站	油蒿 杨柴 花棒	藻类结皮 地衣结皮 苔藓结皮	在油蒿覆被下，主要由地衣和苔藓结皮组成，藻类结皮比例较小，而覆被外藻类结皮比例增大，苔藓结皮比例减小；在杨柴覆被下，地衣结皮比例最多，其次是藻类结皮，苔藓结皮最少，而覆被外藻类结皮大量增加，几乎看不到苔藓结皮，地衣结皮也只是少量存在；在花棒覆被下生物结皮组成与杨柴类似，覆被外也主要由藻类结皮组成
乌兰布和	磴口	油蒿 柽柳	藻类结皮 地衣结皮 苔藓结皮	在油蒿覆被下主要由地衣和苔藓结皮组成，藻类结皮比例较少，在覆被外，藻类结皮较多，而地衣苔藓结皮较少；在柽柳覆被下，苔藓结皮比例较大，地衣结皮次之，几乎没有藻类结皮，在覆被外，藻类结皮比例较多，地衣结皮次之，而几乎没有苔藓结皮

在毛乌素沙地，油蒿群落内生物结皮的平均盖度为 78.52%，而杨柴和花棒群落内生物结皮的平均盖度分别为 56.34%和 53.67%，显著小于油蒿群落（$p<0.05$）。油蒿覆被下生物结皮的平均盖度为 87.33%，而杨柴和花棒覆被下生物结皮的平均盖度为 69.56%和 67.19%，同样显著小于油蒿覆被（$p<0.05$）。通过式（4-13）可以计算出三种生物结皮在油蒿、杨柴和花棒群落内所占的比例，如图 6-1 所示，在油蒿群落内，藻类结皮所占的比例为 25%，地衣和苔藓结皮所占的比例分别为 43%和 32%；在油蒿覆被下，藻类结皮所占的比例为 3%，地衣和苔藓结皮所占的比例分别为 52%和 45%。在杨柴群落内，藻类结皮所占的比例为 45%，地衣和苔藓结皮所占的比例为 47%和 8%；在杨柴覆被下，藻类结皮所占的比例为 12%，地衣和苔藓结皮所占的比例为 69%和 19%。在花棒群落内，藻类结皮所占

毛乌素沙地
乌兰布和沙漠
苔藓结皮
地衣结皮
藻类结皮
生物结皮比例/%
0
20
40
60
80
100
油蒿群落内
油蒿覆被下
杨柴群落内
杨柴覆被下
花棒群落内
花棒覆被下
油蒿群落内
油蒿覆被下
柽柳群落内
柽柳覆被下

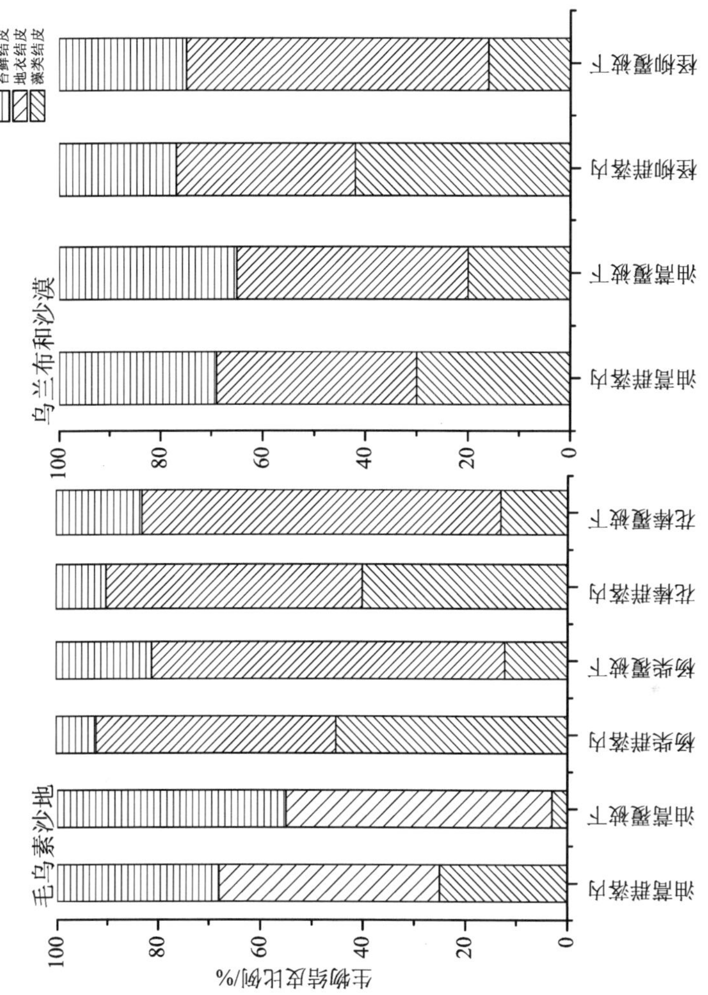

图 6-1　生物结皮比例

的比例为 40%，地衣和苔藓结皮所占的比例为 50%和 10%；在花棒覆被下，藻类结皮所占的比例为 13%，地衣和苔藓结皮所占的比例为 70%和 17%。在乌兰布和沙漠，油蒿群落内生物结皮的平均盖度为 47.28%，柽柳群落内生物结皮的平均盖度为 69.47%，两者差异性显著（$p<0.05$）。油蒿覆被下生物结皮的平均盖度为 63.43%，柽柳覆被下生物结皮的平均盖度为 88.32%，两者同样差异性显著（$p<0.05$）。在油蒿群落内，藻类结皮所占的比例为 30%，地衣和苔藓结皮所占的比例分别为 39%和 31%；在油蒿覆被下，藻类结皮所占的比例为 20%，地衣和苔藓结皮所占的比例分别为 45%和 35%。在柽柳群落内，藻类结皮所占的比例为 42%，地衣和苔藓结皮所占的比例为 35%和 23%；在柽柳覆被下，藻类结皮所占的比例为 16%，地衣和苔藓结皮所占的比例为 59%和 25%。

比较两种荒漠生态系统内生物结皮的类型特征。毛乌素沙地优势沙生灌木覆被下地衣结皮是生物结皮的优势种，而覆被外藻类结皮是优势种；乌兰布和沙漠植被覆被下地衣结皮为优势种，而覆被外还是藻类结皮是优势种。在荒漠生态系统中的优势群落内，生物结皮的类型与该地区的降雨量、植被类型和冠层内外条件有着密切的关系。毛乌素沙地年降雨量为 280 mm，而乌兰布和沙漠为 144 mm，几乎是前者的一半。降雨量的不同也导致植被类型的差异。上层冠幅会对生物结皮起到保护的作用，避免阳光暴晒，降低雨水的冲击和侵蚀，减少风蚀的危害，提高养分条件，有效地改善覆被下的小尺度生境，为生物结皮的发育和生长提供有利条件，生物结皮从藻类结皮较快的演替成为高级的地衣和苔藓结皮。但是，在无覆被的情况下，生物结皮发育较慢，或出现演替的逆变化，苔藓结皮在此区域内几乎看不到，地衣结皮也以小斑块的形态存在，所以在该区域内藻类结皮占主导地位的情况最为常见。

6.2　不同优势沙生灌木群落生物结皮的分布特征

6.2.1　生物结皮盖度特征

在毛乌素沙地，油蒿群落中平均植被盖度为 47.85%±1.23%，而杨柴和花棒群落中平均植被盖度为 36.98%±1.09% 和 33.52%±0.79%，显著小于油蒿群落（$p<0.05$）。植物群落生物结皮总盖度均大于植被盖度，其中杨柴和花棒群落内生物结皮总盖度差异性不显著，均小于油蒿群落内生物结皮总盖度。在植被覆被下生物结皮总盖度均大于群落内，杨柴和花棒覆被下差异性不显著，均小于油蒿覆被下。三种生物结皮在不同优势群落中的盖度表现为，在植物群落内和植被覆被下地衣结皮均为生物结皮中的优势种，与上节（6.1）的结论相一致。苔藓结皮多分布在油蒿群落内，藻类结皮在覆被下分布较少。在杨柴和花棒群落内藻类和地衣结皮盖度差异性不显著（$p>0.05$），与苔藓结皮差异性显著（$p<0.05$）。其他生物结皮盖度之间均显著差异（$p<0.05$）。

在乌兰布和沙漠，油蒿群落中平均植被盖度为 35.83%±0.95%，柽柳群落中植被盖度为 48.98%±1.33%，两者差异性显著（$p<0.05$）。生物结皮总盖度均植被盖度，其中油蒿和柽柳群落内生物结皮总盖度差异性显著（$p<0.05$）。在覆被下，生物结皮总盖度大于群落内，两者同样差异性显著（$p<0.05$）。在磴口当地，在植被覆被下，地衣结皮为生物结皮的优势种，而在群落内藻类结皮为优势种。在油蒿群落内，藻类和苔藓结皮盖度差异性不显著（$p>0.05$），与地衣结皮盖度差异性显著（$p<0.05$）。其他生物结皮盖度之间均表现为差异性显著（$p<0.05$）。

在荒漠生态系统中，生物结皮通过其盖度分布的特征与群落的演替状态有着密切的关系。在毛乌素沙地，地衣和苔藓结皮广泛分布在油蒿群落内，而在杨柴和花棒群落内分布较少。油蒿作为匍匐型低矮灌木，其对下层生物结皮有很好的保护作用，而杨柴和花棒植被高度比油蒿高，其对灌木下其他植被以及生物结皮几乎没有保护。杨柴和花棒覆被下原有的苔藓结皮出现大量的退化，藻类结皮开始大量地出现在两种群落内。在杨柴和花棒群落逐渐走向衰败的同时，生物结皮也出现了较难逆转的衰败现象。在乌兰布和沙漠，藻类结皮作为优势群落内的优势种，表现出较好的适应性。由于样地位于当地林场的边缘，人为扰动较多。生物结皮的演替方向，决定了植物群落演替的规律。当生物结皮被较多的人为干扰，就会产生衰败迹象，植物群落也会停止演替，甚至出现衰败的情况。地衣结皮是当地植被覆被下的优势种，植被的冠幅保护其免于人畜的干扰，而覆被外的群落内，人为干扰造成破坏之后，生物结皮还是不可避免地出现了衰败现象（由地衣和苔藓结皮转变为藻类结皮）。加上当地植被盖度也小，年降雨量也少，生物结皮得不到较好的补充，有可能造成衰败现象的不可逆转。这同样证明了人为扰动，可以造成生物结皮盖度的下降，同样也能够造成植被的破坏和群落的推迟，甚至出现逆演替。

6.2.2 生物结皮厚度特征

6.2.2.1 生物结皮距离植被根部不同距离的分布特征

在毛乌素沙地，生物结皮在油蒿、杨柴和花棒覆被下的分布情况见图 6-2、图 6-3 和图 6-4。分析发现三种生物结皮厚度与距三种植被根部距离之间均存在线性负相关关系，$p<0.01$。三种生物结皮均表现为随着距植被根部距离越大，厚度越小的趋势。

表 6-2　生物结皮盖度特征

荒漠生态系统	植被盖度/%	植物群落	观测尺度	生物结皮总盖度/%	藻类结皮盖度发/%	地衣结皮盖度/%	苔藓结皮盖度/%
毛乌素沙地	47.85±1.23a	油蒿	群落内	78.52±2.57a	19.63±0.78a	33.76±1.23b	25.13±1.38 c
			覆被下	87.33±1.67a	2.62±0.12a	45.41±1.43b	39.30±1.09 c
	36.98±1.09b	杨柴	群落内	56.34±1.96b	25.35±1.65a	26.48±1.07a	4.51±0.32b
			覆被下	69.56±1.12b	8.35±0.78a	48.00±1.34b	13.22±0.67 c
	33.52±0.79b	花棒	群落内	53.67±1.44b	21.47±1.09a	26.84±1.29a	5.37±0.71 c
			覆被下	67.19±1.32b	8.73±0.24a	47.03±1.51b	11.42±0.74 c
乌兰布和沙漠	35.83±0.95a	油蒿	群落内	47.28±1.04a	14.18±1.14a	18.44±1.20b	14.66±1.05a
			覆被下	63.43±1.67a	12.89±0.96a	28.54±1.95b	22.20±1.19 c
	48.98±1.33b	柽柳	群落内	69.47±1.67b	29.18±1.56a	24.31±1.69b	15.98±1.32 c
			覆被下	88.32±2.07b	14.13±1.02a	52.11±2.35b	22.08±1.64 c

注：a，b 和 c 表示差异性显著（$p<0.05$）。

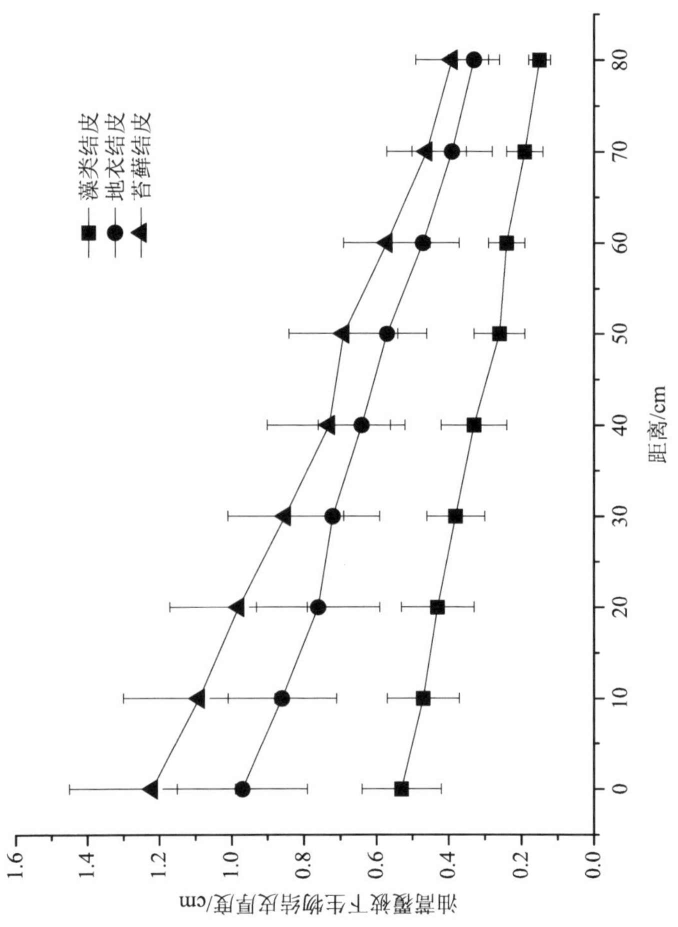

图 6-2 油蒿覆被下生物结皮厚度

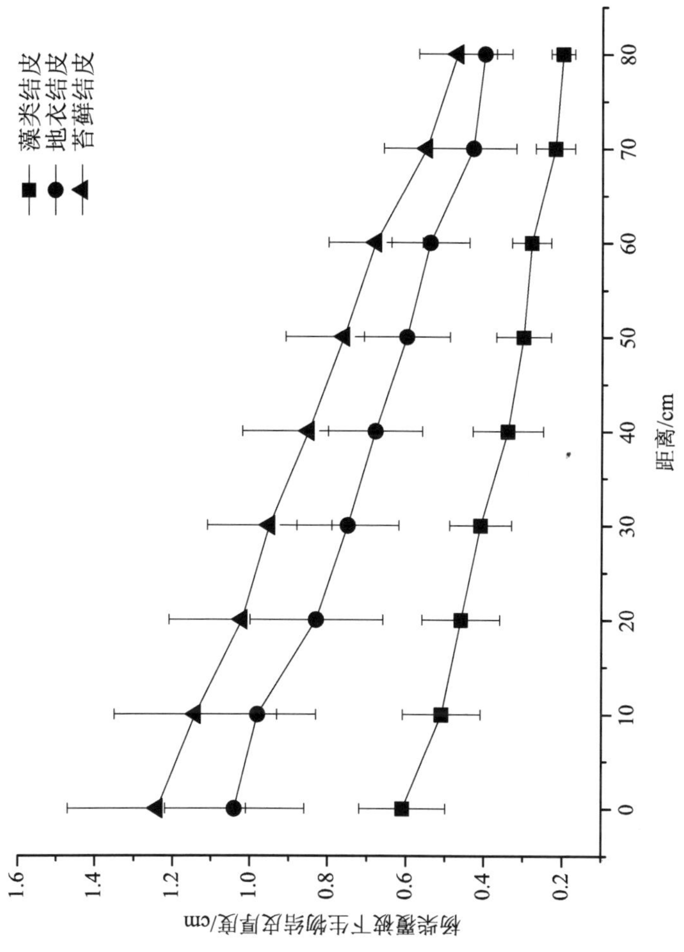

图 6-3　杨柴覆被下生物结皮厚度

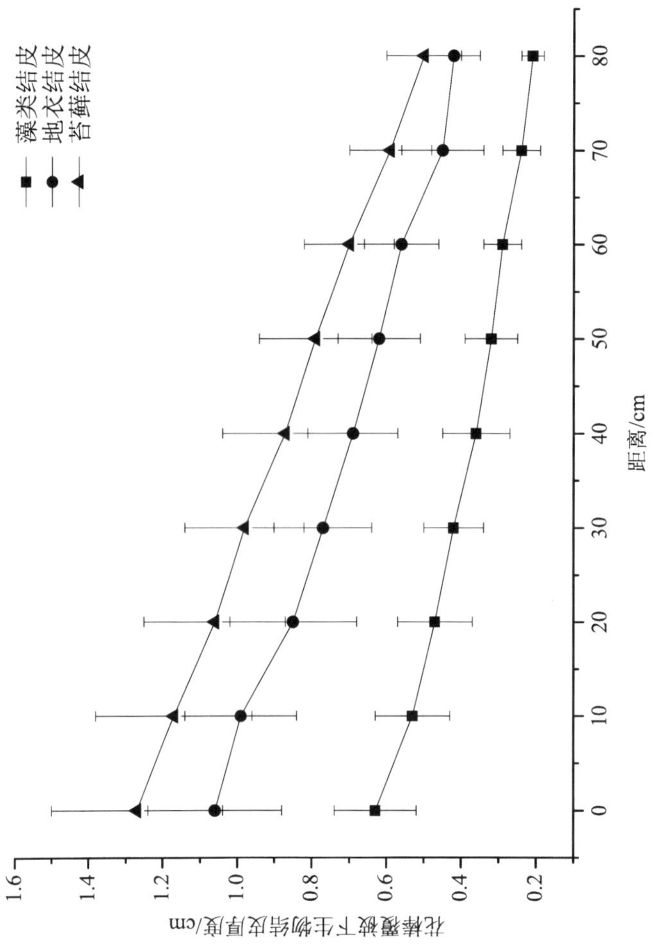

图 6-4 花棒覆被下生物结皮厚度

在三种植被覆被下，藻类结皮厚度最大值均出现在根部位置，分别为 0.53 cm、0.61 cm 和 0.63 cm，地衣和苔藓结皮最大值也出现在根部。至距根部 80 cm 处藻类、地衣和苔藓结皮均达到最小值。三种生物结皮在植被覆被下随着距离的增加下降的速度均表现为：从 0 cm 至 80 cm 处三种生物结皮厚度平均每 10 cm 下降分别为 0.05 cm、0.08 cm 和 0.10 cm。比较在油蒿覆被相同位置三种生物结皮厚度的大小表现为：苔藓结皮＞地衣结皮＞藻类结皮。比较相同生物结皮在植被相同位置的厚度大小关系为：花棒覆被下＞杨柴覆被下＞油蒿覆被下。三种生物结皮厚度与距离植被根部距离之间差异性均不显著（$p>0.05$）。

在三种植被覆被下，生物结皮的平均厚度分别为 0.58 cm、0.64 cm 和 0.66 cm。在上节（6.2.1）中我们已经知道生物结皮的总盖度分别为 87.33%、69.56%和 67.19%。在植被覆被下，生物结皮的厚度与其盖度呈现负相关关系，$R^2=0.991$，$p<0.01$。这与崔燕等（2004）、Gundlapally 和 Garcia-Pichel（2006）认为“生物结皮越多，盖度越大，厚度也越大”的结论不相一致。在盐池定位站当地，生物结皮厚度增大，造成降水的浅层化现象，使群落内植被对水分的利用率下降，从而导致植被的死亡。随着植被的死亡，生物结皮缺少上层冠幅的保护作用，林下小生境也遭到不同程度的破坏，生物结皮也会出现衰败的情况，导致生物结皮的盖度有所减少，大量衰败，甚至消失。

在乌兰布和沙漠，生物结皮在油蒿和柽柳覆被下的分布情况见图 6-5、图 6-6。藻类、地衣和苔藓结皮厚度与距植被根部距离之间均存在线性负相关关系，$p<0.01$。随着距植被根部距离越大，生物结皮的厚度越小。在油蒿覆被下，地衣和苔藓结皮显著大于藻类结

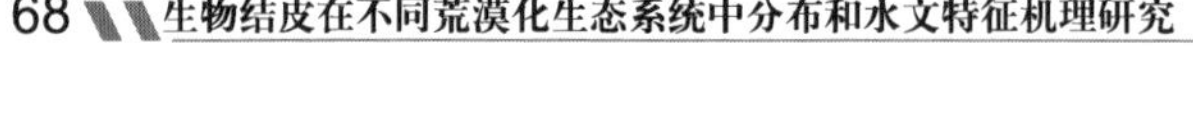

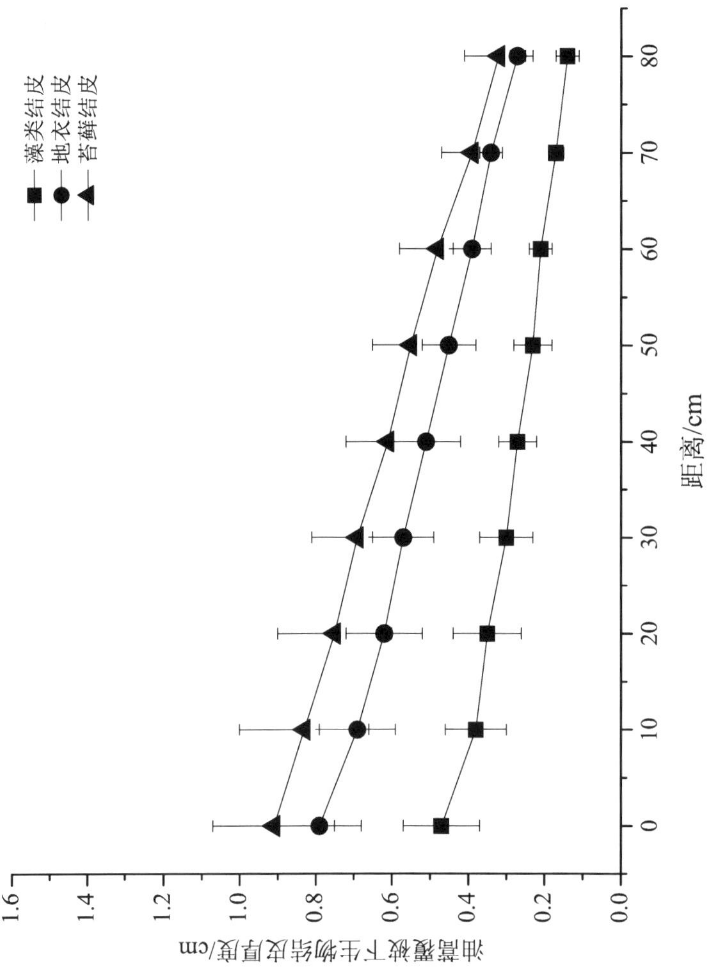

图 6-5　油蒿覆被下生物结皮厚度

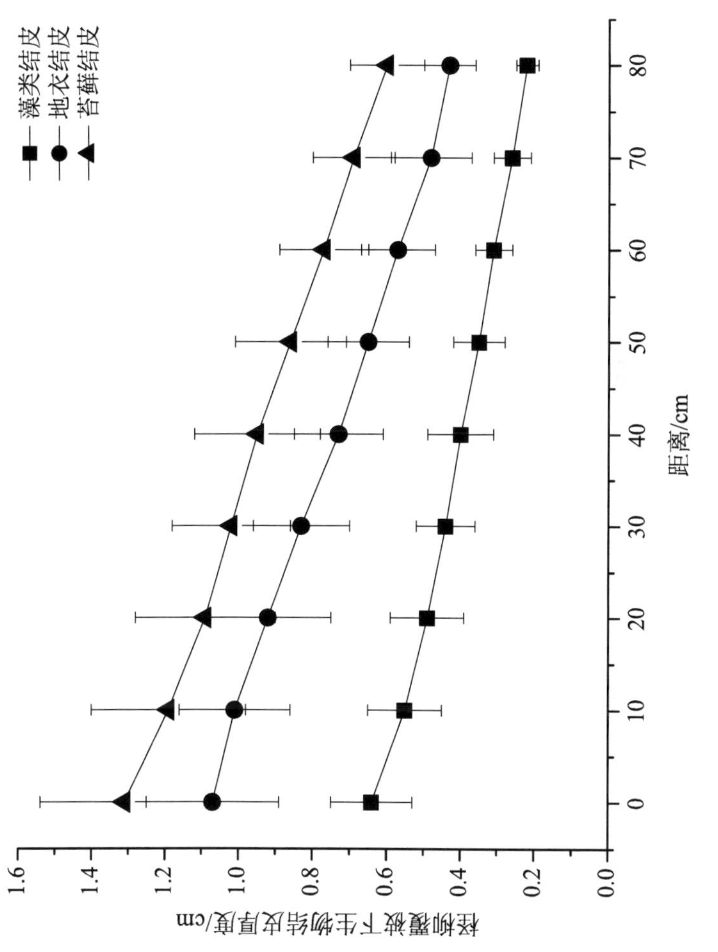

图 6-6 柽柳覆被下生物结皮厚度

皮。藻类结皮最大值出现在根部，为 0.47 cm，地衣和苔藓结皮的最大值出现在同样的位置，分别为藻类结皮厚度的 1.68 倍和 1.94 倍。从 0 cm 到 80 cm 处，藻类结皮厚度每 10 cm 下降 0.04 cm，地衣和苔藓结皮厚度下降均为 0.07 cm，下降的速度更快。在相同植被覆被下，三种生物结皮厚度随距植被根部距离增大而减小。而比较不同植被覆被下，距根部距离相同时，三种生物结皮厚度的大小关系表现为：苔藓结皮＞地衣结皮＞藻类结皮。

在油蒿和柽柳覆被下，生物结皮厚度的平均值分别为 0.47 cm 和 0.70 cm。通过上面的研究我们可以知道，油蒿覆被下生物结皮的盖度为 63.43%，柽柳覆被下生物结皮盖度为 88.32%。在磴口当地，生物结皮厚度与其盖度呈现正相关关系，与盐池定位站的研究结果不同，这主要与两地区立地条件，植被演替和生物结皮自身生物成分的类型有关。在磴口的研究区内，柽柳作为具有演替优势的群落，其冠幅高大，林下养分、水分条件都很好，加上大量的枯枝落叶层的覆盖，该区块生物结皮得到了其他样地内植被无法提供的保护。生物结皮厚度的增大，同样使该地区的降雨出现浅层化的现象，浅根性的小型灌木和草本得到了较好的生长，水分不能渗透到土层深处，造成油蒿等灌木的衰败，但是磴口紧邻黄河上游，地下水位比盐池定位站要高，加上柽柳作为深根性小乔木，生物结皮对其影响可以忽略。这样就出现生物结皮厚度增大，其盖度也同样增大的现象，这样更利于柽柳群落的演替，油蒿很有可能在未来几年逐渐成为衰败的群落，退出当地的草场。

比较两种荒漠生态系统内生物结皮分布的特征。就厚度这一影响因子来看，毛乌素沙地油蒿覆被下生物结皮厚度要大于乌兰布和沙漠，而杨柴和花棒覆被下生物结皮要小于柽柳覆被下。这与立地条件有关，盐池定位站海拔高度为 1 500 m 以上，而磴口只有

1 050 m，不同的海拔高度带来不同的年降雨量变化。虽然磴口紧邻黄河，但是降雨的补充在荒漠化地区还是最重要的因素，地表的植被主要靠降雨补充水分，只有深根性的乔木能够较少地受到降雨量少的影响。生物结皮自身的不同特性也造成了两地生物结皮分布特征的差异。在磴口地区，地衣和苔藓结皮表面出现盐渍化现象，探寻原因时发现研究区原本是河滩地，但是多年的少降雨造成了水位的下降。河床中的盐渍留在地表，这样也造成了生物结皮分布的差异。

6.2.2.2　生物结皮沿不同方向的分布特征

在毛乌素沙地高沙窝地区选取 117 株油蒿，对其东南、东北、西南和西北四个方向上生物结皮分布半径进行测量。由表 6-3 可知，生物结皮分布半径在四个方向上显著差异，西北方向上生物结皮分布半径普遍小于其他三个方向，而东南方向上大于其他方向。生物结皮在西北方向上分布半径平均为 62.4 cm，东南方向最大为 73.7 cm，而生物结皮在东北和西南方向上的分布半径处于两个方向之间而且差异性不显著。所有方向上油蒿植被半径的最大值为 82 cm，最小值为 23 cm，而生物结皮分布半径的最大值为 92 cm，最小值为 43 cm。在四个方向上，油蒿植被平均半径与生物结皮分布平均半径呈正相关关系，R^2=0.994，$p<0.01$。

表 6-3　毛乌素沙地油蒿基本特征及生物结皮分布情况

植被高度/cm		油蒿植被半径/cm				生物结皮分布半径/cm			
		东南	东北	西南	西北	东南	东北	西南	西北
最大值	77	67	82	69	56	89	77	92	80
最小值	32	29	37	27	23	62	47	53	43
平均值	57.4	48.8	43.7	42.5	39.1	73.7	68.7	67.1	62.4
标准差	±2.43	±1.67	±1.89	±1.65	±1.23	±2.34	±1.98	±2.01	±1.72

在乌兰布和沙漠磴口地区同样选取 117 株油蒿，对其东南、东北、西南和西北四个方向上生物结皮分布半径进行测量。由表 6-4 可知，生物结皮分布半径在四个方向上显著差异，西南方向上生物结皮分布半径普遍小于其他三个方向，而东北方向上大于其他方向。生物结皮在西南方向上分布半径平均为 47.1 cm，东北方向最大为 62.8 cm，而生物结皮在东南和西北方向上的分布半径处于两个方向之间而且差异性不显著。所有方向上油蒿植被半径的最大值为 73 cm，最小值为 29 cm，而生物结皮分布半径的最大值为 75 cm，最小值为 37 cm。在四个方向上，油蒿植被平均半径与生物结皮分布平均半径呈正相关关系，R^2=0.998，p<0.01。

表 6-4　乌兰布和沙漠油蒿基本特征及生物结皮分布情况

植被高度/cm		油蒿植被半径/cm				生物结皮分布半径/cm			
		东南	东北	西南	西北	东南	东北	西南	西北
最大值	63	58	73	49	55	68	75	58	65
最小值	35	42	57	29	39	42	46	37	40
平均值	52.8	54.7	62.6	45.9	52.1	55.2	62.8	47.1	53.6
标准差	±1.76	±1.03	±1.28	±1.55	±1.15	±1.24	±1.08	±1.71	±1.48

比较两种荒漠生态系统生物结皮在不同方向上的分布特征。在盐池定位站地区，生物结皮分布表现为西北方向半径较小，东南方向半径较大，其他两个方向半径介于两者之间的不规则的椭圆形（图 6-7），我们发现在不同方向上生物结皮分布半径与油蒿植被半径显著正相关。在磴口地区，生物结皮分布的椭圆形变成东北方向半径较大，西南方向半径较小，其他两个方向介于两者之间的形状（图 6-8），不同方向上生物结皮分布半径同样与油蒿植被半径显著正相关。两种荒漠生态系统生物结皮分布最大的差别在于不同方

向上半径的不同，毛乌素沙地是西北方向最小，而乌兰布和沙漠是西南方向最小，这与研究区当地常年主导风向有一定的关系，进一步的研究将在下一节呈现。

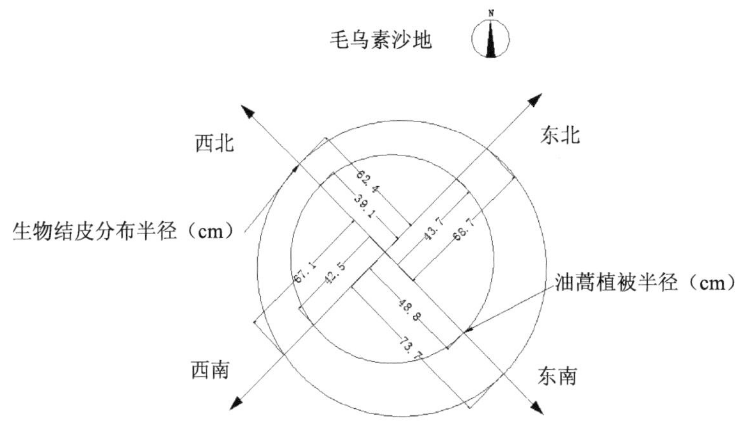

图 6-7　毛乌素沙地生物结皮分布特征

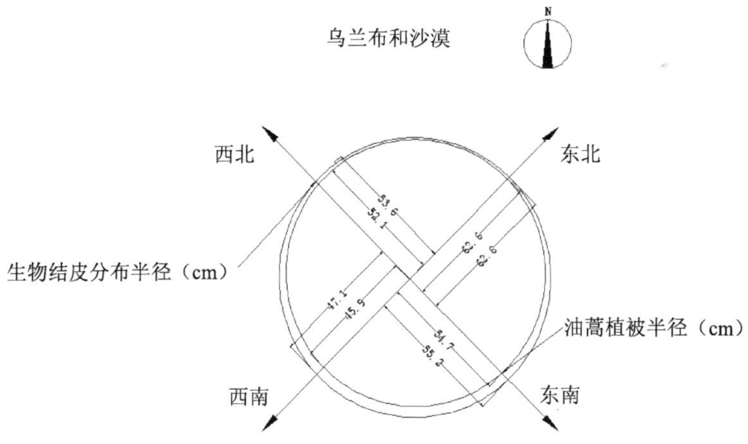

图 6-8　乌兰布和沙漠生物结皮分布特征

6.2.2.3 风向对生物结皮分布特征的影响

在毛乌素沙地高沙窝地区选取117株油蒿植被，对其东南、东北、西南和西北四个方向上生物结皮分布半径的同时，测量油蒿根部、四个方向覆被下和覆被外9个位置的生物结皮厚度。附图3a为风向对生物结皮厚度影响等高线图。比较西北和东南方向生物结皮厚度大小表现为：$T_3>T_2>T_4>T_5>T_1$，再比较西南和东北方向生物结皮厚度大小表现为：$T_7\approx T_8>T_6\approx T_9$。附图3b为在油蒿不同方向生物结皮厚度三维立体图，能够更直观地看出在风向对生物结皮厚度的影响。在乌兰布和沙漠磴口地区采用相同的实验方法。附图4a为风向对生物结皮厚度影响等高线图。比较西南和东北方向生物结皮厚度大小表现为：$T_3>T_7>T_8>T_9>T_6$，再比较西北和东南方向生物结皮厚度大小表现为：$T_2\approx T_4>T_1\approx T_5$。附图4b为在油蒿不同方向生物结皮厚度三维立体图，能够更直观地看出在风向对生物结皮厚度的影响。

在油蒿覆被下风对生物结皮分布的影响主要是间接影响，即通过影响油蒿冠幅形态与枯落物的分布来影响生物结皮的分布（张军红，2010）。由于高沙窝地区常年主导风向为西北方向，而在磴口地区常年主导风向为西南方向。油蒿地上部分呈椭圆球状，枝条稠密，生长季节叶片密度大，降落到油蒿群落中的大气中的粉尘及降水携带的粉尘能被油蒿植被冠幅有效截留并富集在林下。在风力作用下，主风向覆被外上方枯枝落叶和养分富集情况均不及主风向其他位置的生物结皮，枯枝落叶和养分多集中在主风向覆被下两处位置，所以在高沙窝地区表现为$T_3>T_2>T_4>T_5>T_1$，在磴口地区表现为$T_3>T_7>T_8>T_9>T_6$。在侧风向上，油蒿覆被外均没有冠幅的保护，导致养分没有办法富集，而侧风向覆被下生物结皮厚度也没有主风向覆被下大。根据对高沙窝和磴口地区常年主导风向对生物结皮分布特征的研究，结果表明主风向生物结皮厚度大于侧风向，上风向油蒿覆被外生物结皮厚度小于下风向，而上风向油蒿覆被下生物结皮厚度大于下风向，在侧风向油蒿覆被外、下生物结皮厚度相当。这与张军红（2010）研究结果基本一致，但是他认为距植株根部相同距离处东南方向生物结皮最厚，西北方向最薄，东北和西南方向上生物结皮厚度处于二者之间。

通过对荒漠化地区风向对生物结皮分布特征的研究，我们发现其变化规律与生物结皮分布半径的变化规律相一致。在不同荒漠生态系统中，常年主导风向对生物结皮的分布特征有着显著的影响，生物结皮的厚度同样显著影响生物结皮的分布半径。

6.3 讨论

6.3.1 生物结皮类型特征

生物结皮广泛分布在干旱、半干旱典型沙生植被生长地区，生物结皮其不同的类型主要与生物结皮中的生物组成有关系（张军红，2010）。在毛乌素沙地和乌兰布和沙漠中主要分布着藻类结皮、地衣结皮和苔藓结皮三大类。毛乌素沙地和乌兰布和沙漠中藻类结皮的优势种为具鞘微鞘藻（Microcoleus vaginatus），地衣结皮的优势种为胶衣（Collema tenax），苔藓结皮的优势种为拟双色真藓（Byum argenteum）（冯薇，2014）。胡春香等（2000）对宁夏沙坡头地区藻类研究发现：该地藻类生物共有 26 种，遍及蓝藻门、绿藻门、硅藻门和裸藻门，其中蓝藻有 10 种，占藻类总数的 45.5%。张丙昌等（2009）的研究结果表明：在古尔班通古特沙漠地区，藻类结皮包括蓝藻、硅藻、绿藻和裸藻等一共 121 个种类，其中蓝藻最多，占 65.4%，裸藻最少，占 5.5%。郑云普等（2009）的研究结果表明：在新疆古尔班通古特沙漠地区苔藓结皮一共有 6 个种类，刺叶墙藓（Tortula desertorum）为苔藓结皮中的优势种。群落内生物结皮组成的类型与植被演替有着明显的关系。赵遵田等（1998）认为随着流动沙丘的固定，生物结皮逐渐发育，在藻类结皮产生之后苔藓结皮开始出现。边丹丹（2011）认为当地表形成大面积平坦的藓类结皮之后，地衣开始出现。

6.3.2 生物结皮的分布特征

生物结皮分布广泛，大量存在世界上的各种地区，主要包括干旱、半干旱地区，通常情况下，它的覆盖度大于植被的覆盖度，经常作为拓荒植物存在于条件恶劣的地区（闫德仁，2008）。在国内，生物结皮主要分布在我国的西北干旱、半干旱地区，如塔克拉玛干沙漠、古尔班通古特沙漠、腾格里沙漠、毛乌素沙地、库布齐沙漠、乌兰布和沙漠等。生物结皮的分布与空间尺度密切相关（闫德仁，2008）。李守中（2005）认为空间尺度显著影响着生物结皮的分布特征。Roger（1972）认为温度和降水是最大的影响因素。不同的温度和降雨带来不同的生境，生物结皮发育条件表现不同的分布特征。Belnap 和 Gillette（1998）认为海拔高度、土壤条件、小气候等都是控制生物结皮分布的主要因素。Malam 等（1999）认为生物结皮覆盖率和植被覆盖率呈负相关。生物结皮盖度增大，阻挡植被对水分和养分的利用率，造成植被的衰退，从而影响植被盖度逐渐减少。刘法等（2014）认为生物结皮的分布特征受到常年主导风向的显著影响，在主导风向上植被冠幅拦截降尘，为生物结皮的生长提供有力的养分。在毛乌素沙地常年主导风向（西北方向）显著影响生物结皮的厚度和分布半径的变化，同时造成生物结皮盖度向厚度相反方向变化；在乌兰布和沙漠常年主导风向（西南方向）同样显著影响生物结皮的厚度和其分布半径的变化规律，但是随着厚度的增大，其盖度表现为相同的变化趋势。

6.4 小结

（1）两种荒漠生态系统优势群落内生物结皮均由藻类、地衣和苔藓结皮组成，其优势种分别为具鞘微鞘藻（Microcoleus vaginatus）、胶衣（Collema tenax）和拟双色真藓（Byum argenteum）。毛乌素沙地优势沙生灌木覆被下地衣结皮是生物结皮的优势种，而覆被外藻类结皮是优势种；乌兰布和沙漠植被覆被下地衣结皮为优势种，而覆被外还是藻类结皮是优势种。

（2）在毛乌素沙地，油蒿群落中平均植被盖度为47.85%±1.23%，而杨柴和花棒群落中平均植被盖度为 36.98%±1.09% 和 33.52%±0.79%；在乌兰布和沙漠，油蒿群落中平均植被盖度为 35.83%±0.95%，柽柳群落中植被盖度为 48.98%±1.33%。在毛乌素沙地，地衣和苔藓结皮广泛分布在油蒿群落内，而在杨柴和花棒群落内分布较少。在乌兰布和沙漠，藻类结皮作为优势群落内的优势种，表现出较好的适应性。

（3）在两种荒漠生态系统优势群落内，在相同植被覆被下，三种生物结皮厚度随距植被根部距离增大而减小。而比较不同植被覆被下，距根部距离相同时，三种生物结皮厚度的大小关系表现为：苔藓结皮＞地衣结皮＞藻类结皮。毛乌素沙地油蒿覆被下生物结皮厚度要大于乌兰布和沙漠，而杨柴和花棒覆被下生物结皮要小于柽柳覆被下。常年主导风向对生物结皮分布特征影响显著，主风向生物结皮厚度大于侧风向，上风向油蒿覆被外生物结皮厚度小于下风向，而上风向油蒿覆被下生物结皮厚度大于下风向，在侧风向油蒿覆被外、下生物结皮厚度相当。

第 7 章　不同荒漠生态系统生物结皮理化性质

7.1　不同优势沙生灌木群落生物结皮生物量

图 7-1 为毛乌素沙地不同优势群落内生物结皮生物量，可以看出，油蒿群落内苔藓结皮生物量最大，为（2.92±0.86）g/cm^2，而花棒群落内藻类结皮生物量最小，为（0.33±0.03）g/cm^2。比较相同优势群落内生物结皮生物量，苔藓结皮显著大于地衣和藻类结皮，而地衣结皮和藻类结皮差异性不显著（$p>0.05$）。比较不同群落内相同生物结皮生物量，其结果表现为：油蒿群落＞杨柴群落＞花棒群落。

图 7-2 为乌兰布和沙漠不同优势群落内生物结皮生物量。通过观察可以知道，油蒿群落内藻类结皮的生物量最小，为（0.42±0.09）g/cm^2，地衣结皮生物量比藻类结皮稍大，为（0.67±0.17）g/cm^2，苔藓结皮生物量最大，为（2.37±0.66）g/cm^2，苔藓结皮生物量显著大于藻类和地衣结皮（$p<0.05$），而藻类和地衣结皮生物量差异性不显著（$p>0.05$）；而在柽柳群落内，藻类结皮的生物量为（0.61±0.38）g/cm^2，地衣结皮的生物量为（0.82±0.2）g/cm^2，苔藓结皮生物量同样最大为（3.21±0.91）g/cm^2，苔藓结皮的生物量同样显著大于藻类和地衣结皮（$p<0.05$），而藻类和地衣结皮生物量同

样差异性不显著（$p>0.05$）。相同优势群落内不同生物结皮生物量表现为苔藓结皮＞地衣结皮＞藻类结皮，而柽柳群落内生物结皮生物量要大于油蒿群落内。

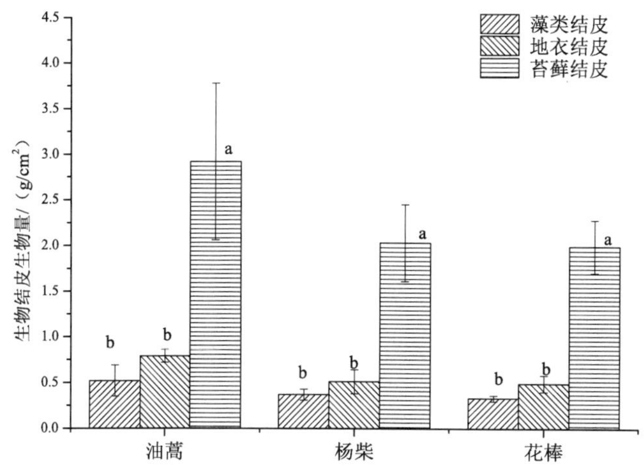

图 7-1 毛乌素沙地生物结皮生物量

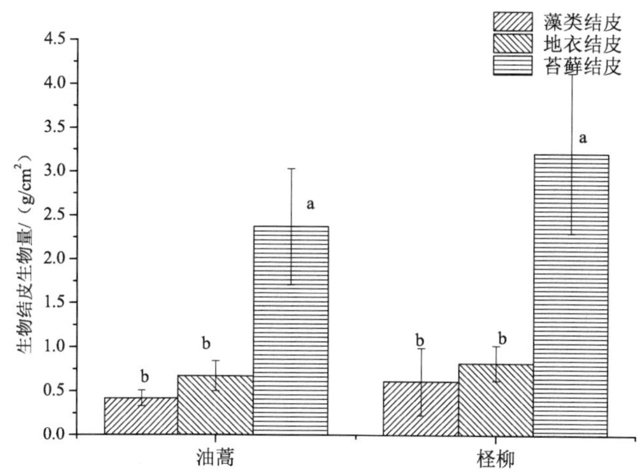

图 7-2 乌兰布和沙漠生物结皮生物量

比较两种荒漠生态系统内生物结皮生物量的差异性，我们可以看出，在相同植物群落内生物结皮生物量均表现为苔藓结皮＞地衣结皮＞藻类结皮，这与生物结皮的演替程度有关。藻类结皮作为最初级的拓荒物种，向着地衣和苔藓结皮的方向演替。苔藓结皮的出现增大了地表的表面积，更有利于维管束植物的定居和发育，也增大了荒漠化地区的生物量。毛乌素沙地中油蒿群落生物结皮生物量要大于杨柴和花棒群落，以及乌兰布和沙漠中柽柳群落内生物结皮生物量大于油蒿群落，这与当地植物群落的演替程度有关（胡春香和刘永定，2003a）。在前文中，我们已经知道，在盐池定位站地区，优势群落的演替方向为杨柴、花棒群落逐渐向油蒿群落演替，油蒿群落处于演替的前期，生物结皮的生物量迅速增大，而杨柴和花棒群落开始出现衰败，处在演替的末端，生物量逐渐较少。乌兰布和沙漠内优势群落的演替方向为油蒿群落向柽柳群落演替，导致两种群落生物结皮生物量的差异性。比较两种荒漠生态系统中油蒿群落生物结皮生物量，可以发现，毛乌素沙地大于乌兰布和沙漠，这主要与研究区降雨量有关（徐杰等，2010）。盐池定位站地区年降雨量差不多是磴口地区的一倍，较为良好的降雨条件使盐池定位站地区生物结皮的生物量更大，所以造成两种荒漠生态系统中油蒿群落的生物结皮生物量的差异性。

7.2 不同优势沙生灌木群落生物结皮物理性质

7.2.1 土壤容重

表 7-1 为毛乌素沙地不同优势群落内生物结皮和沙土的容重。土壤容重最大值出现在花棒群落裸沙下 15～20 cm 处，为 1.58 g/cm^3，

而最小值出现在油蒿群落内藻类结皮层处，为 1.25 g/cm^3。在同一植物群落内，结皮层土壤容重大小关系表现为：苔藓结皮＞地衣结皮＞藻类结皮，并且结皮层土壤容重显著小于下层沙土，有生物结皮覆盖的下层沙土容重显著小于裸沙对照组下层沙土。在相同深度情况下，沙土土壤容重大小关系表现为：裸沙对照组＞苔藓结皮＞地衣结皮＞藻类结皮。比较不同植物群落同种生物结皮和沙土容重的大小关系，可以得出花棒群落＞杨柴群落＞油蒿群落。表 7-2 为乌兰布和沙漠不同优势群落内生物结皮和沙土的容重。土壤容重最大值出现在柽柳群落裸沙下 15～20 cm 处，为 1.6 g/cm^3，而最小值同样出现在油蒿群落内藻类结皮层处，为 1.27 g/cm^3。随着土壤深度的增大，容重也不断增大。结皮层土壤容重显著小于下层沙土，结皮覆盖下沙土显著小于裸沙对照组下层沙土，并且柽柳群落生物结皮及沙土容重显著大于油蒿群落。

表 7-1 毛乌素沙地不同优势群落生物结皮容重

植物群落	土层/cm	土壤容重/（g/cm^3）			
		藻类	地衣	苔藓	裸沙对照组
油蒿	结皮层	1.25±0.13	1.29±0.24	1.34±0.31	—
	0～5	1.33±0.12	1.35±0.09	1.36±0.15	1.45±0.15
	5～10	1.35±0.11	1.37±0.17	1.38±0.09	1.47±0.04
	10～15	1.38±0.04	1.40±0.15	1.43±0.12	1.48±0.13
	15～20	1.39±0.05	1.42±0.07	1.46±0.04	1.50±0.09
杨柴	结皮层	1.30±0.11	1.33±0.08	1.37±0.09	—
	0～5	1.35±0.05	1.36±0.14	1.38±0.16	1.48±0.12
	5～10	1.37±0.16	1.38±0.09	1.41±0.09	1.51±0.10
	10～15	1.39±0.15	1.42±0.09	1.46±0.08	1.54±0.07
	15～20	1.40±0.09	1.43±0.08	1.49±0.09	1.56±0.09
花棒	结皮层	1.32±0.11	1.34±0.12	1.38±0.03	—
	0～5	1.39±0.05	1.41±0.05	1.43±0.06	1.50±0.07

植物群落	土层/cm	土壤容重/（g/cm³）			
		藻类	地衣	苔藓	裸沙对照组
花棒	5～10	1.41±0.08	1.43±0.10	1.46±0.09	1.53±0.08
	10～15	1.43±0.11	1.45±0.13	1.48±0.12	1.55±0.05
	15～20	1.46±0.13	1.47±0.15	1.51±0.11	1.58±0.14

表 7-2 乌兰布和沙漠不同优势群落生物结皮容重

植物群落	土层/cm	土壤容重/（g/cm³）			
		藻类	地衣	苔藓	裸沙对照组
油蒿	结皮层	1.27±0.08	1.31±0.08	1.35±0.06	—
	0～5	1.34±0.06	1.36±0.11	1.37±0.10	1.47±0.09
	5～10	1.36±0.07	1.38±0.08	1.40±0.07	1.49±0.07
	10～15	1.39±0.06	1.41±0.11	1.45±0.15	1.52±0.12
	15～20	1.40±0.07	1.43±0.09	1.48±0.09	1.53±0.08
柽柳	结皮层	1.35±0.06	1.37±0.11	1.41±0.10	—
	0～5	1.41±0.12	1.44±0.12	1.47±0.12	1.53±0.13
	5～10	1.44±0.12	1.47±0.09	1.49±0.08	1.56±0.09
	10～15	1.47±0.08	1.50±0.14	1.52±0.13	1.58±0.07
	15～20	1.50±0.12	1.53±0.11	1.57±0.08	1.60±0.12

比较两种荒漠生态系统中油蒿群落生物结皮的容重，可以得出毛乌素沙地生物结皮层土壤容重小于乌兰布和沙漠，生物结皮覆盖下下层沙土容重表现为相同的趋势。土壤容重越小，说明土壤的结构和透水性能越好。两个研究区油蒿群落内生物结皮容重变化规律与厚度相一致，那么可以说明在毛乌素沙地油蒿群落生物结皮更有利于水分的渗透，也更有利于下层沙土和油蒿根部对水分的吸收。

7.2.2 土壤自然含水量

图 7-3 为毛乌素沙地土壤自然含水量。在油蒿群落内，藻类、地衣和苔藓结皮自然含水量分别为 1.34%、1.38%和 1.42%，其覆盖

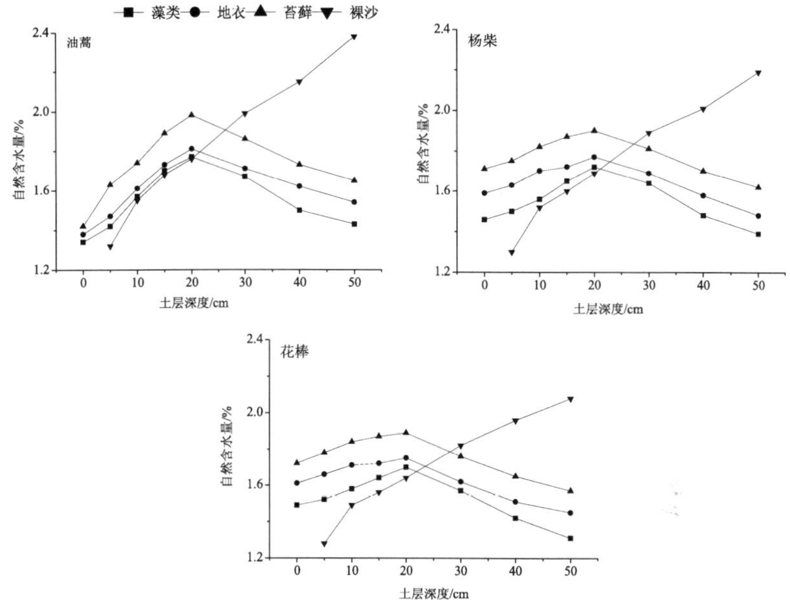

图 7-3 毛乌素沙地不同优势群落自然含水量

下 0～5 cm 土层含水量分别为 1.42%、1.5%和 1.52%，而裸沙对照组 0～5 cm 土层含水量为 1.32 cm，说明生物结皮覆盖能够保护 0～5 cm 土壤含水量。随着土壤深度的增加，生物结皮覆盖下沙土含水量逐渐增大，在 15～20 cm 土层时达到最大值，分别为 1.77%、1.81%和 1.98%，20～50 cm 沙土含水量逐渐下降。而裸沙对照组沙土自然含水量与土层深度呈正相关关系（$p<0.01$）。在相同深度土层中，不同生物结皮覆盖下沙土含水量表现为：苔藓结皮＞地衣结皮＞藻类结皮。在杨柴和花棒群落内，生物结皮及其下层沙土和裸沙对照组的自然含水量的变化规律和油蒿群落相同。比较同种生物结皮在不同植物群落中含水量的变化规律可以看出，杨柴和花棒群落内生物结皮层自然含水量显著大于油蒿群落，从 20 cm 深度开始，沙土含水

量逐渐小于油蒿群落同一深度沙土。出现这一现象的原因与生物结皮厚度和植物群落演替的方向有一定的关系。在前文的结果中，可以知道，油蒿群落是研究区的优势群落，其生物结皮的厚度最小。较小的厚度造成生物结皮的持水量减少，水分下渗深度增加，有利于植被根部对水分的吸收与利用。在油蒿群落内，生物结皮对水分下渗的阻挡作用弱于杨柴和花棒群落。生物结皮阻挡水分，造成水分的浅层化现象，进而使杨柴和花棒群落的衰退，这更印证油蒿群落是毛乌素沙地的优势群落。

在乌兰布和沙漠的油蒿群落内，生物结皮层含水量分别为1.28%、1.32%和1.37%，从结皮覆盖下方0 cm开始到20 cm，沙土自然含水量到达最大值，分别为1.65%、1.73%和1.75%，从20 cm开始，沙土含水量逐渐下降。而裸沙对照组下方沙土含水量随着土层深度的增加而逐渐增大，两者之间为正相关关系（$p<0.01$）。比较相同深度土层沙土含水量的变化趋势可以得出，苔藓覆盖下沙土含水量最大，地衣结皮次之，藻类结皮最小。从0 cm到20 cm，裸沙沙土含水量普遍小于生物结皮覆盖下沙土，从20 cm到更深的土层，表现的情况正好相反。比较乌兰布和沙漠研究区内两种优势群落的含水量变化。柽柳群落生物结皮层水分条件更好，而下层沙土含水量表现得越来越差。从0 cm到20 cm，油蒿群落沙土含水量每5 cm平均增大0.065%，柽柳群落增大值为0.045%。从20 cm到50 cm，油蒿群落沙土含水量每5 cm平均减少0.064%，柽柳群落减少值为0.081%。柽柳群落内生物结皮厚度更大，能够将大量的水分保持在较浅的土层中，再加上地下水无法补给该土层下方深度的沙土区域，就造成了根部集中在该深度土层的植被吸收不到水分，而出现大量的死亡。柽柳属于深根性小乔木，其根部在该土层深度以下，生物结皮阻挡水分对其影响较小，从而不影响群落的演替方向。

比较两种荒漠生态系统油蒿群落土壤自然含水量，可以得出，生物结皮层对下层沙土具有保护作用，但是也造成了水分浅层化的现象。在不同荒漠化地区，油蒿群落土壤自然含水量的差异性与该地区降雨量、生物结皮厚度和植物群落演替有关。与磴口地区相比，盐池定位站地区的植物群落能够得到更多雨水的补充，加上生物结皮厚度较大，生物结皮层自然含水量也较大。结皮层无法持有的多余水分渗透到下层沙土中，使下层沙土含水量有所增加。恶劣的降雨条件暂时没有造成磴口地区油蒿群落水分浅层化土层的进一步上升，但是还是使其出现了衰败的迹象。

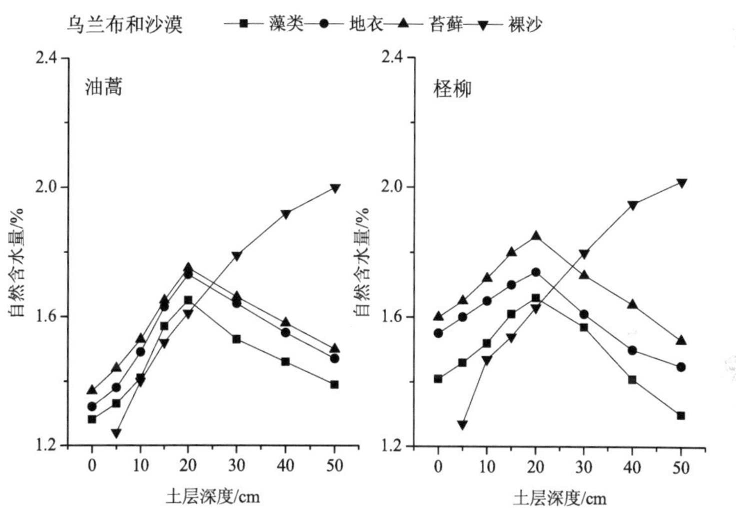

图 7-4 乌兰布和沙漠不同优势群落自然含水量

7.2.3 土壤机械组成

表 7-3 为毛乌素沙地不同优势群落生物结皮及下层 10 cm 沙土

土壤机械组成。在油蒿群落内，裸沙对照组沙土主要由粗砂粒和细砂粒组成，占 94.57%～95.02%。生物结皮中粉粒和黏粒显著大于裸沙对照组，占 26.9%～33.76%。生物结皮使下层 10 cm 沙土黏粉粒比例显著增大，砂粒显著减小。结皮层中黏粉粒含量大小关系表现为：苔藓结皮＞地衣结皮＞藻类结皮，而细砂粒含量关系为：藻类结皮＞地衣结皮＞苔藓结皮，与崔燕等（2004）关于“随着生物结皮厚度增大，生物结皮中粉粒含量增加，细砂粒含量减小”的研究结果一致。

表 7-3 毛乌素沙地不同优势群落土壤机械组成

植物群落	生物结皮类型	土层/cm	机械组成/%			
			粗砂粒 1.0～0.25 mm	细砂粒 0.25～0.05 mm	粉粒 0.05～0.002 mm	黏粒＜0.002 mm
油蒿	藻类结皮	结皮层	36.97±1.03a	36.13±1.32a	16.75±0.87a	10.15±0.31a
		0～10	41.36±1.19b	39.10±1.09b	11.09±0.56b	8.45±0.91b
		裸沙 0～10	49.81±1.26c	45.21±1.76c	2.94±0.02c	2.30±0.04c
	地衣结皮	结皮层	34.90±1.05a	35.31±1.26a	18.49±0.78a	11.30±0.34a
		0～10	40.59±1.33b	39.15±0.98b	11.47±0.64b	8.79±0.41b
		裸沙 0～10	48.56±1.23c	46.13±1.14c	2.88±0.10c	2.43±0.07c
	苔藓结皮	结皮层	32.98±0.97a	33.26±1.07a	21.67±0.93a	12.09±0.76a
		0～10	39.59±0.99b	39.58±1.58b	11.80±.0.54b	9.03±0.67b
		裸沙 0～10	48.46±1.11c	46.11±1.44c	2.98±0.12c	2.42±0.12c
杨柴	藻类结皮	结皮层	32.08±1.47a	34.96±1.75a	18.19±0.65a	14.77±0.23a
		0～10	34.90±1.55b	36.72±1.44b	15.65±0.35b	12.73±0.17b
		裸沙 0～10	50.36±1.08c	45.44±1.24c	2.36±0.06c	1.84±0.11c

植物群落	生物结皮类型	土层/cm	机械组成/%			
			粗砂粒 1.0～0.25 mm	细砂粒 0.25～0.05 mm	粉粒 0.05～0.002 mm	黏粒＜0.002 mm
杨柴	地衣结皮	结皮层	30.90±1.90a	33.96±0.98a	19.79±0.94a	15.35±0.54a
		0～10	34.12±1.59b	37.07±1.41b	15.92±0.27b	12.89±0.04b
		裸沙 0～10	50.78±1.87c	45.02±1.69c	2.27±0.10c	1.93±0.05c
	苔藓结皮	结皮层	29.77±1.48a	33.27±1.65a	21.02±0.65a	15.94±0.61a
		0～10	32.59±1.47b	37.55±1.51b	16.74±0.37b	13.12±0.86b
		裸沙 0～10	50.54±1.32c	45.15±1.21c	2.46±0.18c	1.85±0.04c
花棒	藻类结皮	结皮层	32.03±1.36a	34.98±1.49a	18.20±0.45a	14.79±0.21a
		0～10	35.03±1.55b	36.18±1.32b	15.81±0.22b	12.98±0.19b
		裸沙 0～10	51.06±1.11c	44.84±1.34c	2.56±0.09c	1.54±0.21c
	地衣结皮	结皮层	29.54±1.42a	34.90±0.38a	19.84±0.34a	15.72±0.65a
		0～10	35.12±1.59b	36.30±1.07b	16.01±0.39b	12.97±0.11b
		裸沙 0～10	50.78±1.87c	45.02±1.69c	2.27±0.10c	1.93±0.05c
	苔藓结皮	结皮层	28.04±1.47a	34.78±1.61a	21.17±0.35a	16.01±0.64a
		0～10	33.78±1.81b	36.36±1.51b	16.74±0.37b	13.12±0.86b
		裸沙 0～10	50.94±1.05c	44.65±1.51c	2.53±0.13c	1.88±0.14c

注：a、b 和 c 表示差异性显著（$p<0.05$）。

表 7-4 为乌兰布和沙漠不同优势群落生物结皮及下层 10 cm 沙土土壤机械组成。通过结果分析，可以发现，生物结皮能够显著改善下层沙土的机械结构。在油蒿群落内，生物结皮覆盖使下层沙土比裸沙对照组粗砂粒含量平均下降 21.74%，细砂粒含量平均下降

表 7-4 乌兰布和沙漠不同优势群落土壤机械组成

植物群落	生物结皮类型	土层/cm	机械组成/%			
			粗砂粒 1.0～0.25 mm	细砂粒 0.25～0.05 mm	粉粒 0.05～0.002 mm	黏粒 ＜0.002 mm
油蒿	藻类结皮	结皮层	38.75±1.58a	36.31±1.07a	15.31±0.64a	9.63±0.15a
		0～10	43.78±1.23b	37.84±1.53b	10.41±0.43b	7.97±0.61b
		裸沙 0～10	54.31±1.69c	43.38±1.68c	1.25±0.01c	1.06±0.02c
	地衣结皮	结皮层	36.75±1.31a	35.94±1.13a	16.81±0.51a	10.50±0.46a
		0～10	42.71±1.56b	37.92±0.65b	10.98±0.45b	8.39±0.74b
		裸沙 0～10	54.18±1.37c	43.43±1.79c	1.32±0.03c	1.07±0.04c
	苔藓结皮	结皮层	35.04±0.75a	35.22±0.85a	18.28±0.35a	11.46±0.25a
		0～10	41.17±0.46b	38.56±0.51b	11.41±.0.24b	8.86±0.60b
		裸沙 0～10	54.65±1.42c	43.11±1.23c	1.28±0.01c	1.06±0.05c
柽柳	藻类结皮	结皮层	31.21±0.84a	32.32±0.72a	19.83±0.95a	16.64±0.42a
		0～10	33.96±1.55b	36.05±0.52b	16.47±0.28b	13.52±0.47b
		裸沙 0～10	53.79±1.46c	43.80±1.31c	1.29±0.04c	1.12±0.07c
	地衣结皮	结皮层	30.25±0.75a	30.23±0.45a	21.54±0.69a	17.98±0.51a
		0～10	32.67±1.41b	34.70±1.21b	17.97±0.43b	14.66±0.11b
		裸沙 0～10	53.25±1.16c	44.42±1.07c	1.24±0.09c	1.09±0.07c
	苔藓结皮	结皮层	29.74±1.12a	29.08±0.35a	22.59±0.28a	18.59±0.73a
		0～10	31.28±1.06b	33.45±1.09b	19.55±0.87b	15.72±0.76b
		裸沙 0～10	53.44±1.69c	44.15±1.01c	1.30±0.15c	1.11±0.11c

注：a、b 和 c 表示差异性显著（$p<0.05$）。

12%，而粉粒含量平均上升 88.25%，黏粒含量平均上升 87.33%。与裸沙对照组比较，生物结皮层黏粉粒含量显著增加，粗砂粒和细砂粒含量显著下降。柽柳群落表现出相同的变化规律，而比较相同生物结皮在不同优势群落土壤机械组成的数量关系可以发现，生物结皮厚度与黏粉粒含量有着密切的联系。柽柳群落内生物结皮黏粉粒含量显著大于油蒿群落，这与群落内优势植被的特征有关。柽柳冠幅宽大，能够拦截大量的降尘，枯枝落叶层也较厚，为生物结皮提供养分的同时，显著影响着生物结皮的机械组成。

比较不同荒漠生态系统中土壤机械组成的差异性。油蒿群落生物结皮在毛乌素沙地的黏粉粒含量比乌兰布和沙漠，砂粒含量则表现出相反的规律。在磴口的研究区内，地表出现盐渍化的情况，盐渍化能够使土壤粗化（王燕等，2014）。另外，毛乌素沙地内生物结皮厚度更大，生物结皮中黏粉粒含量也会更大。比较两个研究区裸沙对照组 0～10 cm 沙土的机械组成可以发现，土壤盐渍化使土壤砂粒含量增大、黏粉粒含量减少。

7.3 不同优势沙生灌木群落生物结皮化学性质

7.3.1 土壤 pH

在干旱、半干旱荒漠化地区，由于气候干旱，降雨量远远低于蒸发量，盐基成分累积于土壤及地下水，使土壤形成碱性，pH 一般在 7.5～8.5。

如图 7-3 所示，在毛乌素沙地优势群落内，生物结皮 pH 变化范围在 7.95～8，显著小于下层（5～20 cm）沙土（$p<0.05$），同样小于裸沙对照组沙土，但是不显著（$p>0.05$）。结皮覆盖下沙土 pH 变

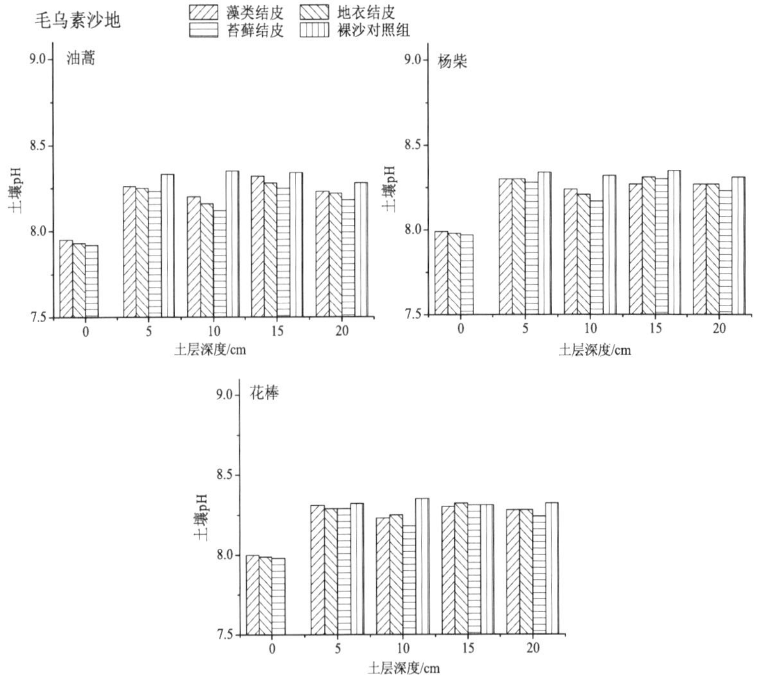

图 7-5 毛乌素沙地不同优势群落土壤 pH

化范围在 8.12～8.32，彼此之间没有显著的相关性。生物结皮层 pH 相互关系表现为：苔藓结皮＜地衣结皮＜藻类结皮。苔藓结皮层中生物成分富集更多腐殖酸，降低结皮的 pH。比较不同优势群落生物结皮及下层沙土 pH 的变化情况，花棒群落土壤 pH 明显大于杨柴和油蒿群落。适当的 pH 有助于植被的生长，过高的 pH 阻碍土壤养分的堆积，使植被较难利用土壤中的养分，从而导致植被的死亡和群落的衰退。生物结皮层的形成和发育显著降低了表层沙土的 pH，对深层沙土影响不大，本书结果与肖波等（2008）相一致。生物结皮层较低的 pH 能够提高土壤养分的有效性，为草本和小型灌木种子的定居和发育提供养分（王蕙，2013），同时直接影响着沙生灌木的生长和林下微生物的活性，并改善土壤的性质和养分条件（崔燕等，2004）。

在乌兰布和沙漠的磴口研究区内（图 7-6），油蒿群落内生物结皮 pH 的变化范围在 8.34～8.62，同样显著小于下层（5～20 cm）沙土的 pH（$p<0.05$）。下层沙土 pH 基本表现为随着土层深度的增加而增大，只有地衣结皮覆盖下 5～10 cm 处沙土例外。裸沙对照组下层沙土 pH 随着土层深度增大而增大。苔藓结皮 pH 显著大于地衣和藻类结皮。柽柳群落同一种生物结皮 pH 大于油蒿群落。柽柳覆被下汇集大量的枯落物，腐殖质和养分条件也好于油蒿覆被下，土壤 pH 应该是油蒿大于柽柳，但是柽柳群落内地表盐渍化情况比油蒿群落严重，所以形成了碱性较高的土壤状况。研究区内群落经过多年的演替发育，草本和灌木已经适应地表土壤的状态，不但没有形成大片死亡的柽柳群落，反而更多的草本和小型灌木定居在柽柳群落中。

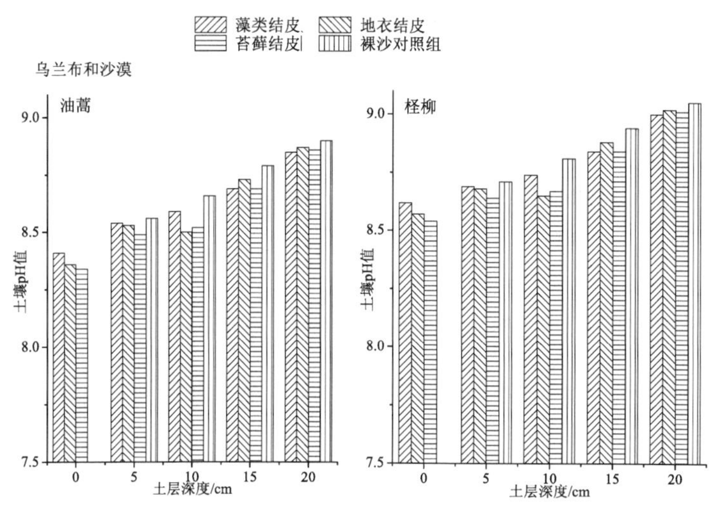

图 7-6 乌兰布和沙漠不同优势群落土壤 pH

比较两种荒漠生态系统中油蒿群落土壤 pH，我们得出这样的结论：毛乌素沙地生物结皮层 pH 明显小于乌兰布和沙漠，这与磴口研究区地表土壤状态和降雨量有密切的关系。地表盐渍化，造成土壤 pH 的升高，降低了土壤利用养分的有效性，加上较少的降雨量，使地表板结，养分无法得到富集，从而不利于植被的发育和生长。

7.3.2 土壤有机质

图 7-7 为毛乌素沙地不同优势群落土壤有机质含量。在油蒿群落内，藻类、地衣和苔藓结皮层有机质含量分别为 0.532 g/kg、0.613 g/kg 和 0.691 g/kg，分别比下层（0～5 cm）沙土有机质含量增大 145.16%、160.85%和 222.90%。生物结皮层有机质含量显著大于

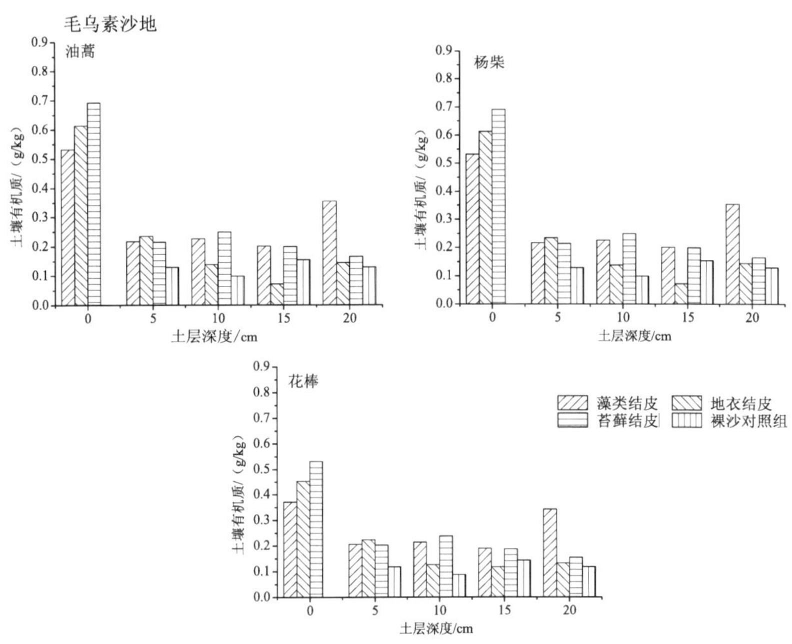

图 7-7 毛乌素沙地不同优势群落土壤有机质

下层和裸沙对照组下沙土（$p<0.05$）。从 0～10 cm 处，相同深度下结皮覆盖下沙土有机质含量均大于裸沙对照组。结皮覆盖下沙土有机质含量随土层深度增加没有明显的变化规律。比较生物结皮有机质含量的大小关系为：苔藓结皮＞地衣结皮＞藻类结皮。较藻类和地衣结皮相比，苔藓结皮中存在大量的生物成分，得以富集更多的养分。杨柴和花棒群落土壤有机质含量变化规律与油蒿群落相同。比较不同优势群落同种生物结皮有机质含量，结果表明：油蒿群落生物结皮有机质含量最大，杨柴群落次之，花棒群落最小。油蒿作为匍匐型小灌木，其冠幅大且贴近地表。通过拦截降尘和枯落物的形式在地表富集大量养分，其有机质含量得到迅速的提升。

如图 7-8 所示，乌兰布和沙漠油蒿和柽柳群落生物结皮层有机质含量均显著大于下层沙土和裸沙对照组下沙土（$p<0.05$）。油蒿群落生物结皮层有机质含量比下层（0～5 cm）沙土分别增大了 131.58%、146.42%和 199.59%，而柽柳群落生物结皮层有机质含量比下层（0～5 cm）沙土分别增大了 153.75%、166.79%和 220.40%。两种群落中，生物结皮显著影响着表层土壤的有机质含量，从 0～10 cm，结皮覆盖下沙土有机质含量均大于裸沙对照组下沙土。由于生物结皮中含有大量的微生物菌丝体、藻类和地衣、苔藓的假根，可以延伸到较深的土层中，显著影响着 0～10 cm 沙土的有机质含量，但是随着土层深度的增加，生物结皮的这种影响效果在明显减小。柽柳群落生物结皮和下层沙土有机质含量明显好于油蒿群落。与油蒿植被相比较，柽柳拥有更宽大的冠幅，能够截取更多的养分元素为土壤所用，而且柽柳覆被下具有较厚的枯枝落叶层，油蒿覆被下几乎没有，这样便导致柽柳群落的养分条件优于油蒿群落。

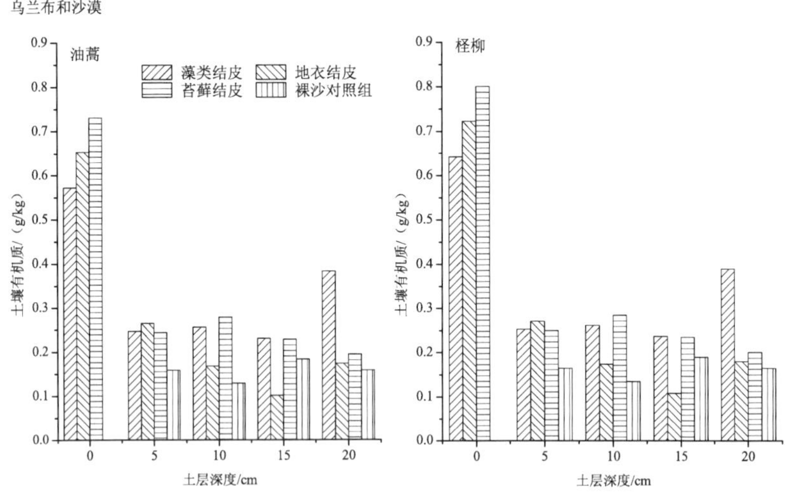

图 7-8　乌兰布和沙漠不同优势群落土壤有机质

比较两种荒漠生态系统油蒿群落土壤有机质含量，分析结果可以发现：乌兰布和沙漠油蒿群落生物结皮层有机质含量高于毛乌素沙地，这主要与土壤盐分、降雨量有关。在磴口研究区内，土壤中盐分较大，年降雨量较小，盐分易在土壤表面形成结晶体状大颗粒物质，这样增加了地表的粗糙度，有利于降尘的富集和枯落物的停留，这些都为地表土壤带来养分，有效地增大了有机质的含量。所以可以总结出土壤有机质含量随着土壤盐分的增大而增大，这与贾宝全等（2003）认为“土壤有机质含量与土壤盐分呈线性正相关关系”的研究结果相一致。

7.3.3　土壤全氮含量

图 7-9 为毛乌素沙地不同优势群落土壤全氮含量。在油蒿群落内，藻类、地衣和苔藓结皮层全氮含量分别为 0.013 4 g/kg、

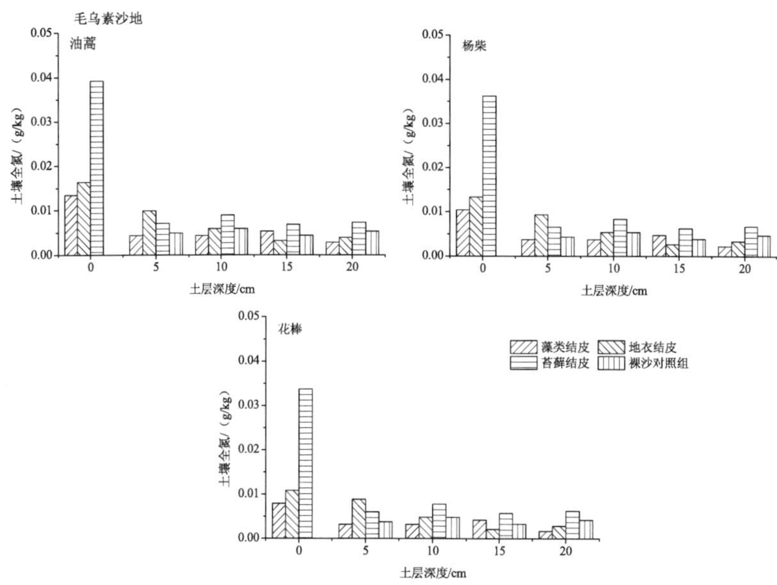

图 7-9 毛乌素沙地不同优势群落土壤全氮

0.016 3 g/kg 和 0.039 2 g/kg，比下层（0～5 cm）沙土分别增大了 211.63%、64.65%和 452.11%。生物结皮层全氮含量显著大于下层沙土和裸沙对照组下沙土全氮含量（$p<0.05$）。土壤全氮含量在各组分不同土层深度（0～5 cm、5～10 cm、10～15 cm 和 15～20 cm）之间没有显著的变化规律，说明下层沙土在 0～20 cm 没有明显的垂直分布规律。苔藓结皮全氮含量明显藻类和地衣结皮（$p<0.05$）。杨柴和花棒群落内土壤全氮含量变化规律与油蒿群落相同。与油蒿群落内生物结皮层全氮含量相比，杨柴群落较小，花棒群落最小。油蒿覆被下生物结皮有机质含量较高，使得土壤养分条件更好，生物数量也更多，直接导致全氮含量的增多。

如图 7-10 所示，在乌兰布和沙漠两种优势群落内，生物结皮层全氮含量均显著大于下层沙土和裸沙对照组下沙土（$p<0.05$）。结皮覆盖下沙土和裸沙对照组下沙土全氮含量无垂直分布的规律，说明生物结皮对下层沙土的影响随着深度的增加逐渐减小，生物结皮对全氮含量的富集作用主要表现在结皮层。苔藓结皮全氮含量显著大于藻类和地衣结皮（$p<0.05$）。柽柳群落内生物结皮全氮含量显著大于油蒿群落（$p<0.05$），这主要与群落内有机质有关。柽柳群落内生物结皮有机质含量更高，使群落内生物活性更高，这样使生物结皮富集养分，增加有机质含量的同时，也提高了全氮的含量。

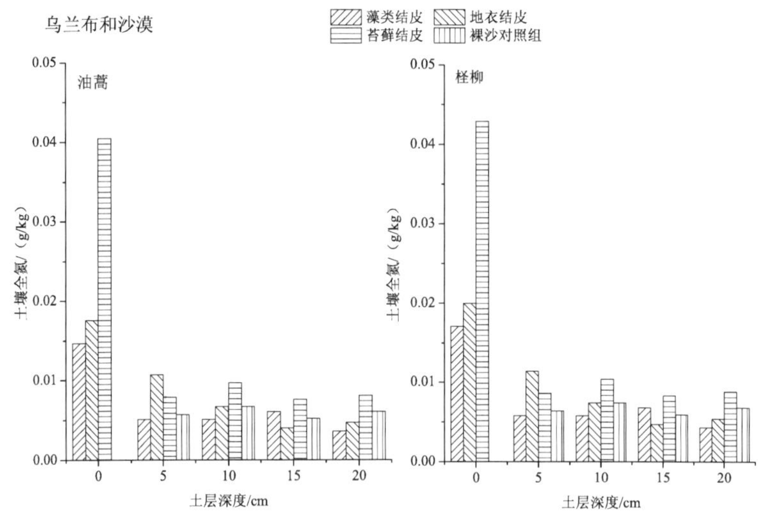

图 7-10　乌兰布和沙漠不同优势群落土壤全氮

比较不同荒漠生态系统下油蒿群落内土壤全氮的含量，可以得出，毛乌素沙地油蒿群落全氮含量显著小于乌兰布和沙漠（$p<0.05$）。朱晓芳等（2008）认为全氮与有机质呈显著正相关关系。磴口样地内，生物结皮有机质含量更高，直接导致该地区土壤全氮含量高于盐池定位站地区。

7.3.4 土壤速效养分

图 7-11，图 7-13 为毛乌素沙地不同优势群落土壤速效养分含量，通过结果分析可以得出：在油蒿群落内，生物结皮层速效养分含量显著大于下层沙土和裸沙对照组下沙土（$p<0.05$），说明生物结皮具有富集速效养分的能力。苔藓结皮速效钾含养分最大，地衣结皮次之，藻类结皮最小。比较不同群落内同一种生物结皮速效养分含量的大小关系为：油蒿群落＞杨柴群落＞花棒群落。图 7-12，图 7-14 为乌兰布和沙漠不同优势群落土壤速效养分含量，生物结皮层速效养分含量显著大于下层沙土和裸沙对照组下沙土含量（$p<0.05$）。柽柳群落生物结皮速效养分含量大于油蒿群落，这与柽柳植被的生态特征有关。柽柳覆被下枯落物较多，微生物活性较强，提高土壤有机质的同时，也显著提高了速效养分。

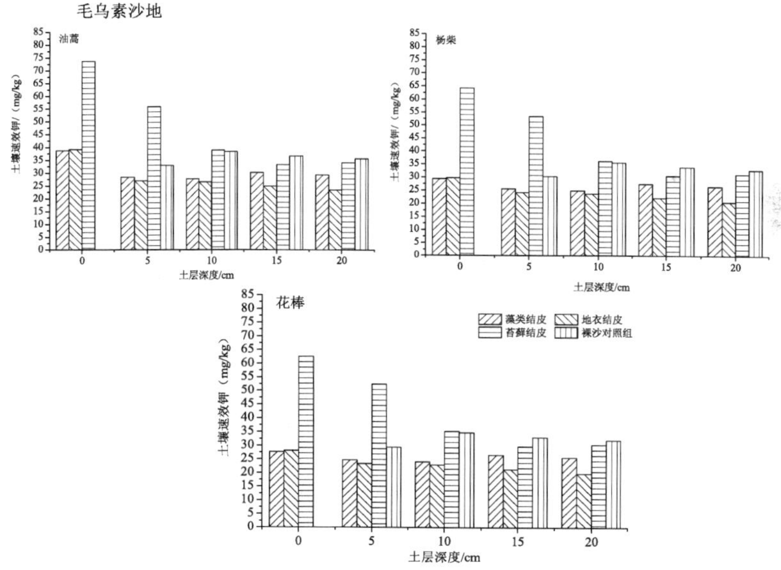

图 7-11　毛乌素沙地不同优势群落土壤速效钾

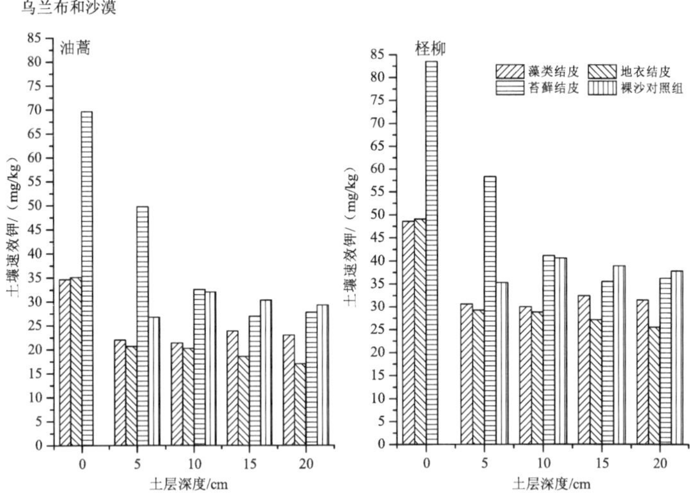

图 7-12 乌兰布和沙漠不同优势群落土壤速效钾

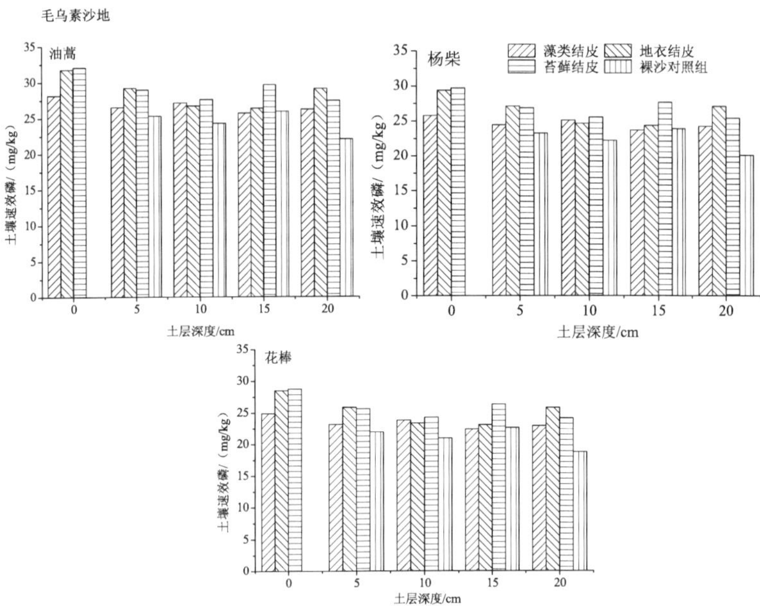

图 7-13 毛乌素沙地不同优势群落土壤速效磷

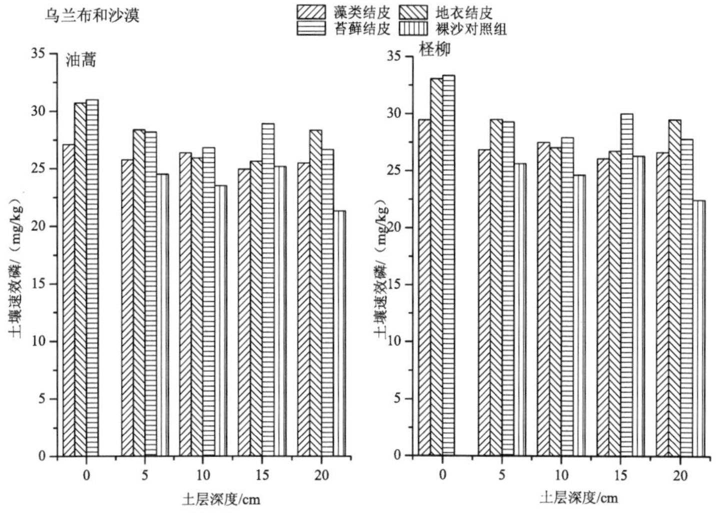

图 7-14　乌兰布和沙漠不同优势群落土壤速效磷

比较两种荒漠生态系统内油蒿群落土壤速效养分含量，通过结果分析可以看出，毛乌素沙地油蒿群落土壤速效养分均大于乌兰布和沙漠，土壤中速效养分含量与生物结皮厚度有关，呈现正相关关系，即生物结皮厚度越大，土壤速效养分含量越高。这与崔燕等（2004）的研究结果相一致。

7.3.5 土壤酶活性

图 7-15 为毛乌素沙地不同优势群落内土壤脲酶活性含量，可以得出：在油蒿群落内，无论有无生物结皮覆盖，土壤脲酶活性随着土层深度的增加而逐渐降低。藻类、地衣和苔藓结皮脲酶活性为 38.2039 mg/（kg·h）、42.0967 mg/（kg·h）和 48.8459 mg/（kg·h），比下层（0～5 cm）沙土平均增加了 39.91%、49.37%和 57.37%，说明

生物结皮层具有较高的土壤脲酶活性。苔藓结皮层脲酶活性最大，地衣结皮次之，最小的为藻类结皮，说明苔藓结皮能够更好地增加土壤肥力。前文中已经知道苔藓结皮拥有更好的理化性质，具有较为稳定的结构，有利于保持水分，积累有机质、N、K、P 等养分元素，所以苔藓结皮层脲酶活性最高。在垂直剖面上，生物结皮覆盖层下 0～5 cm、5～10 cm、10～15 cm 和 15～20 cm 土壤脲酶活性平均值均大于相同深度裸沙对照组下沙土，两者之间差异性不显著（$p>0.05$），说明生物结皮对下层沙土脲酶活性没有明显的影响。杨柴和花棒群落内生物结皮和下层沙土脲酶活性表现出与油蒿群落相同的规律。比较不同群落土壤脲酶活性的相互关系，油蒿群落显著大于杨柴和花棒群落（$p<0.05$），而杨柴和花棒群落之间差异性不显著（$p>0.05$）。油蒿群落内土壤全氮含量更高，有机质含量也更高，土壤中养分含量更好，所以其土壤脲酶活性更高。

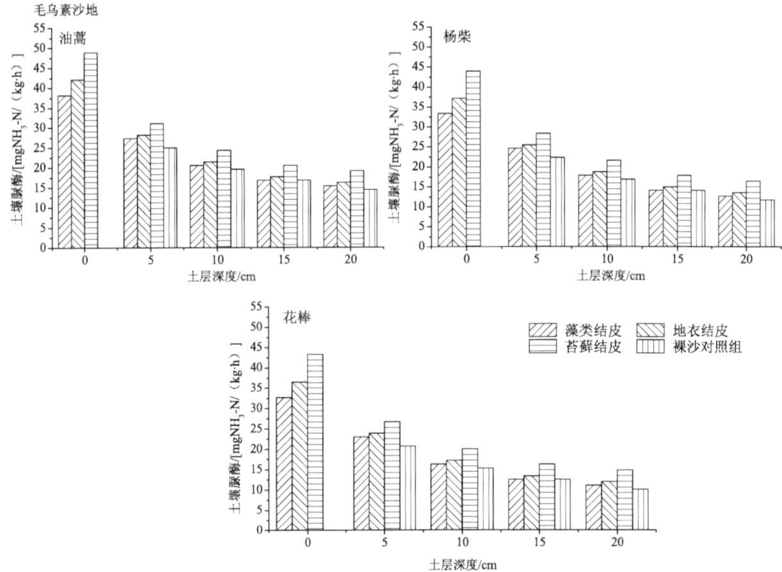

图 7-15 毛乌素沙地不同优势群落土壤脲酶活性

图 7-16 为乌兰布和沙漠不同优势群落内土壤脲酶活性含量。无论有无生物结皮覆盖，土壤越深，脲酶活性越小。油蒿群落内藻类、地衣和苔藓结皮脲酶活性比下层(0～5 cm)沙土平均增大了 31.44%、40.00%和 47.88%，而柽柳群落内生物结皮层脲酶活性比下层（0～5 cm）沙土平均增大了 30.31%、38.25%和 45.71%。柽柳群落土壤脲酶活性要好于油蒿群落。柽柳群落内枯落物更厚，腐殖质更多，腐殖质分解增加了土壤的养分含量，增加了土壤的脲酶活性。

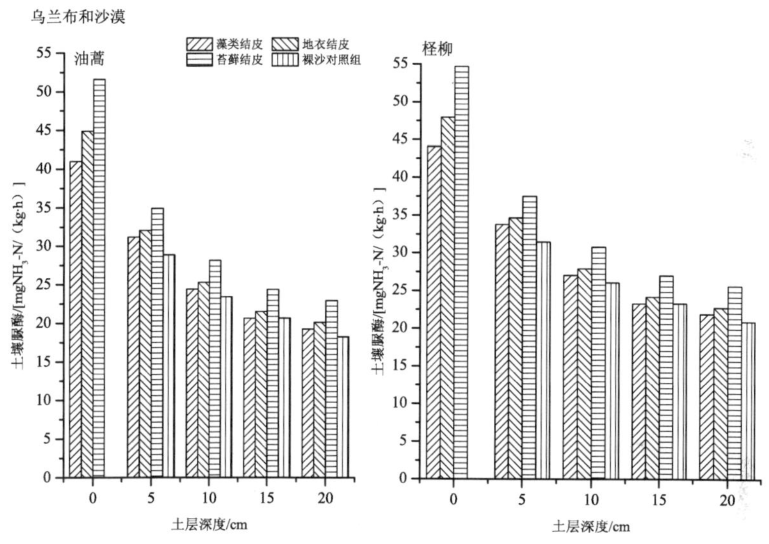

图 7-16 乌兰布和沙漠不同优势群落土壤脲酶活性

图 7-17 为毛乌素沙地不同优势群落土壤碱性磷酸酶活性，结果表明：油蒿群落内，藻类、地衣和苔藓结皮层碱性磷酸酶活性分别为 163.245 mg/（kg·h）、172.981 mg/（kg·h）和 184.782 mg/（kg·h），比下层（0～5 cm）沙土分别增大了 260.55%、274.96%和 293.23%，说明土壤碱性磷酸酶活性更多集中在生物结皮层。生物结皮磷酸酶

活性大小关系表现为：苔藓结皮＞地衣结皮＞藻类结皮。有无生物结皮覆盖下沙土碱性磷酸酶活性随着土层深度的增加而逐渐降低。在垂直剖面上，生物结皮覆盖层下 0～5 cm、5～10 cm、10～15 cm 和 15～20 cm 土壤碱性磷酸酶活性平均值均小于相同深度裸沙对照组下沙土，说明生物结皮对下层沙土碱性磷酸酶活性无明显影响。杨柴和花棒群落内生物结皮和下层沙土碱性磷酸酶活性表现出与油蒿群落相同的规律。比较不同群落土壤碱性磷酸酶活性的相互关系，油蒿群落显著大于杨柴和花棒群落（$p<0.05$），而杨柴和花棒群落之间差异性不显著（$p>0.05$）。

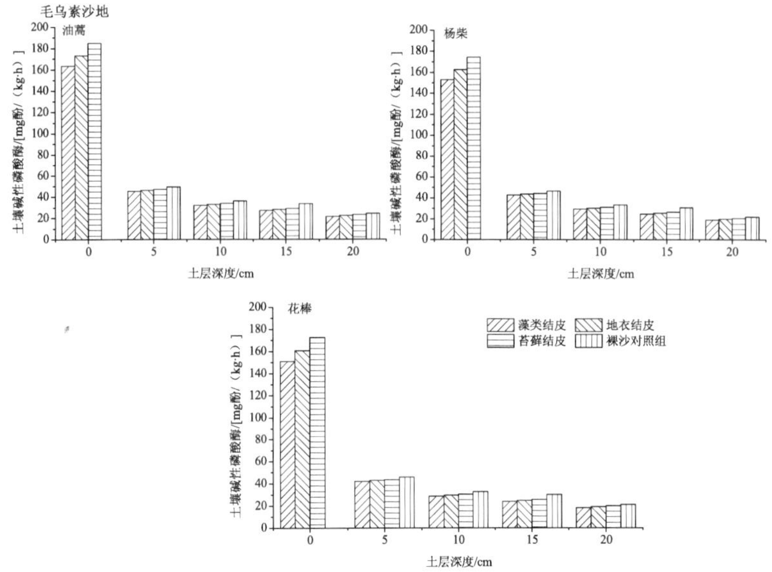

图 7-17 毛乌素沙地不同优势群落土壤碱性磷酸酶活性

图 7-18 为乌兰布和沙漠不同优势群落内土壤碱性磷酸酶活性含量。无论有无生物结皮覆盖，土壤越深，碱性磷酸酶活性越小。油蒿群落内藻类、地衣和苔藓结皮脲酶活性比下层（0～5 cm）沙土平

均增大了 258.28%、272.23%和 289.94%，而柽柳群落内生物结皮层脲酶活性比下层（0～5 cm）沙土平均增大了 242.75%、255.92%和 272.59%，说明土壤碱性磷酸酶活性大量汇集在生物结皮层中。柽柳群落土壤土壤碱性磷酸酶活性要好于油蒿群落。柽柳群落内速效磷和养分含量更好，直接导致增加了土壤的碱性磷酸酶活性。比较不同荒漠生态系统优势群落土壤酶活性，结果表明：乌兰布和沙漠油蒿群落土壤脲酶活性和碱性磷酸酶活性均好于毛乌素沙地油蒿群落，这说明乌兰布和沙漠土壤的酶活性更好。这与土壤养分含量有直接关系。乌兰布和沙漠油蒿群落中土壤有机质、N、P、K 含量更好，加上地下水对其补给，使乌兰布和沙漠中油蒿群落的土壤酶活性更好。但是在磴口研究区内，油蒿群落处于演替的末期，出现大量死亡油蒿的现象。尽管地表土壤酶活性较大，养分含量也较好，但是油蒿植被较难更好地被吸收，大部分被地表草本利用。

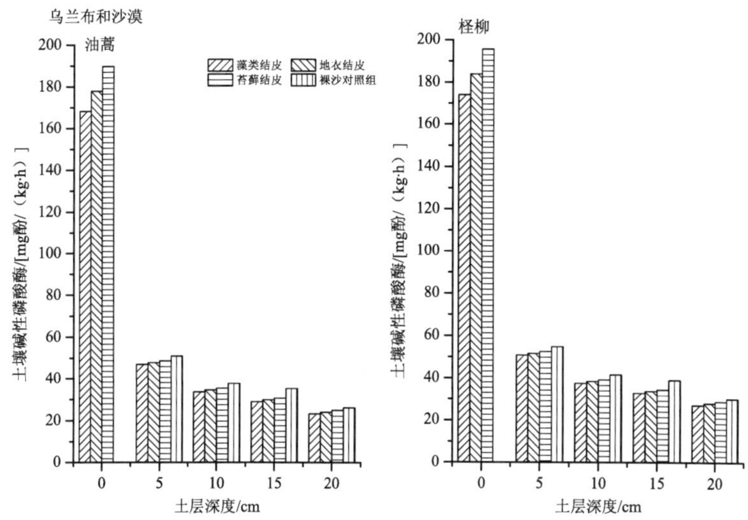

图 7-18 乌兰布和沙漠不同优势群落土壤碱性磷酸酶活性

7.4 讨论

7.4.1 生物量

土壤中微生物的生物量能够客观地反映荒漠化地区沙丘固定程度和土壤组成情况（邵玉琴和赵吉，2004）。不同荒漠生态系统不同群落内生物结皮生物量的大小关系均表现为：苔藓结皮＞地衣结皮＞藻类结皮。由于苔藓结皮拥有更多的生物成分，所以其拥有更大的生物量（李守中等，2008）。在沙丘固定初期较为恶劣的环境下，藻类结皮作为最初级的拓荒物种，能够覆盖裸露的地表，随着荒漠化生境的进一步改善，地衣和苔藓结皮开始出现，所以说明生物结皮的生物量与沙地固定时间有着密切的关系（徐杰等，2003；Anderson et al.，1982）。同时，生物结皮的生物量也能够在一定程度上反映沙地的恢复程度（徐杰和宁远英，2010）。生物量的变化与荒漠化地区植物群落的封育时间演替阶段有着密切的关系。在封育和演替的初期，生物量迅速增长，然后逐渐放缓，到最后因为其他隐花植物的进入群落开始下降（胡春香和刘永定，2003）。在毛乌素沙地，杨柴和花棒群落处于演替的末期，生物量开始下降而油蒿群落处于演替的初期，生物量迅速增大。在乌兰布和沙漠，柽柳群落作为当地的优势群落，生物量也比油蒿群落要大。生物结皮的生物量含量与研究地年降雨量呈现出正相关关系（徐杰等，2010）。毛乌素沙地的盐池定位站地区年降雨量为 280 mm，而乌兰布和沙漠的磴口地区年降雨量仅为 144 mm，差不多是盐池定位站的一半。较少的降雨造成较低的生物量，所以乌兰布和沙漠生物结皮生物量小于毛乌素沙地。

7.4.2 土壤物理性质

土壤物理性质包括土壤容重、含水量、机械组成等，其显著影响着荒漠化地区植被对水分和养分的利用情况（李守中，2005）。生物结皮具有容重较低的特点（闫德仁，2008）。在毛乌素沙地和乌兰布和沙漠中，生物结皮层容重显著小于下层沙土。生物结皮厚度增大，其容重相应增大（崔燕等，2004）。苔藓结皮厚度最大，其容重也最大，藻类结皮厚度最小，其容重也最小。随着生物结皮的发育，大量的微生物迁入荒漠群落中，生物结皮中生物成分不断增加，结皮容重出现下降的趋势（崔燕等，2004；李守中，2005）。油蒿群落作为优势群落，生物结皮的容重保持在较小的状态。生物结皮层的土壤容重小于裸地（张军红，2010）。随着荒漠化地区沙丘的固定，生物结皮开始覆盖地表并开始生长，植物群落也出现在荒漠生态系统中，地表容重的降低有助于下层沙土对水分的吸收利用，更有利于沙生植被的生长。土壤自然含水量作为荒漠化地区植被吸收水分的最主要的来源（马维伟，2008）。生物结皮层自然含水量与厚度呈正相关关系，即苔藓结皮含水量最大，地衣结皮次之，藻类结皮最小。降雨作为荒漠化地区水分补充的唯一途径（李柏等，2011）。毛乌素沙地盐池定位站地区年降雨量为 280 mm，而乌兰布和沙漠磴口地区年降雨量仅为 144 mm。土壤自然含水量显著影响着荒漠化地区植被的生长和群落的演替（李守中，2005）。生物结皮的发育能够显著改善表层土壤的机械组成成分（崔燕等，2004）。荒漠化地区土壤质地得到改善的标志为土壤中黏粉粒含量在不断增加（张军红，2010）。结皮中黏粉粒开始增加，而细砂粒逐渐减小（薛英英等，2007）。苔藓结皮中黏粉粒含量最大，砂粒含量在逐渐减小。生物结皮同时有效改善了下层沙土的机械组成，黏粉粒含量增大，并且高于相同深度的裸沙对照组下沙土（郭轶瑞等，2007）。盐碱化造成土壤粗化（王燕等，2014）。磴口地区地表盐碱化的情况增大了土壤粗砂粒的含量，黏性颗粒的减少，容易造成风力侵蚀（张军红，2010）。随着生物结皮的不断发育，群落内生物量增加，土壤物理性质得到改善，容重表现为下降的趋势（高丽倩等，2012）。生物结皮的生物量与黏粉粒含量呈现正相关关系（徐杰和宁远英，2010）。

7.4.3 土壤化学性质

在荒漠化生态系统中，生物结皮扮演着物质循环和能量流动的角色（孟杰等，2010）。土壤 pH 对荒漠化地区沙生灌木的生长和群落内微生物的活动有着显著的影响，它能够改善土壤的性质和养分条件（崔燕等，2004）。生物结皮层 pH 显著小于下层沙土和裸沙对照组。降低土壤 pH 可有效提高植被养分的利用率（王蕙，2013）。毛乌素沙地土壤 pH 小于乌兰布和沙漠，究其原因与磴口当地地表盐碱化有直接的关系。生物结皮的发育对土壤有机质含量的增加有着显著的影响（朱祖祥，1983；张元明和杨维康，2005；李卫红等，2005；薛英英和闫德仁，2007）。生物结皮的形成显著影响着表层土层有机质含量极显著地高于裸沙对照组下沙土（张元明等，2005）。凋落物能够迅速提高土壤有机质（赵哈林等，2009）。柽柳覆被下枯枝落叶层较厚，生物结皮和下层沙土有机质含量较高。生物结皮中含有大量的微生物菌丝体、藻类和地衣、苔藓的假根，可以延伸到较深的土层中，显著影响着 0～10 cm 沙土的有机质含量，但是随着土层深度的增加，生物结皮的这种影响效果在明显减小（Johanson et al.，1993；王新平和肖洪浪，2006）。磴口研究区内，大量存在着一年生草本和多年生草本，其浅根性的特征有利于生物结皮对养分的吸收，并且死亡的根系也能有效地提高下层沙土的养分条件（王新平和肖洪浪，2006；刘新民等，1996）。生物结皮 pH 的大小关系表现为：藻类结皮＞地衣结皮＞苔藓结皮，而有机质含量的变化规律为：苔藓结皮＞地衣结皮＞藻类结皮，两者之间存在负相关关系，与贾宝全等（2003）研究结果相一致。土壤有机质和全氮含量主要集中在生物结皮层中，并显著大于下层沙土，这与孟杰等（2010）在陕北水蚀风蚀交错区的研究结果相一致。究其原因，生物结皮中生物成分具有固碳和固氮的能力，每年通过生物结皮输入的氮素高达 2～365 kg/hm^2（Belnap & Lange，2001；Billings et al.，2003）。在降雨入渗过程中，地表有机质与总氮向下层沙土运动（张军红，2010）。生物结皮全氮含量的变化规律为：苔藓结皮＞地衣结皮＞藻类结皮，它与有机质含量呈正相关关系（朱晓芳等，2008）。海拔高度和降雨量的改变，造成土壤有机质和全氮的变化，具体呈现正相关关系（傅华等，2004）。磴口地区海拔高度比盐池定位站地区低 500 m 左右，降雨量也仅为盐池定位站地区一半左右，但是其研究区土壤有机质和全氮含量均高于盐池定位站地区，与傅华等（2004）的研究结果相反。群落内枯落物分解有效地增加了土壤有机质和全氮含量（张军红，2010）。生物结皮的形成有效地提高了土壤中速效养分的含量，并主要集中在结皮层（Jafari et al.，2004）。由土壤酶参与的土壤化学反应过程中，它起到催化剂的作用，帮助土壤提高有机质含量，指示土壤中物质循环和能量转化的方式（关松荫，1986；周礼恺，1987；董莉丽和郑粉莉，2008；王兵等，2009）。脲酶转化土壤中的氮元素，使其活性显著高于下层沙土（赵吉和邵玉琴，1997）。在两种荒漠生态系统中生物结皮脲酶活性均显著高于下层沙土和裸沙对照组。生物结皮增加了土壤异养微生物含量的同时，显著提高土壤酶活性（孟杰等，2010）。

7.5 小结

（1）比较不同优势沙生灌木群落生物结皮生物量，结果表明：在毛乌素沙地，苔藓结皮生物量最大，地衣结皮次之，藻类结皮最小；比较不同群落内相同生物结皮生物量，其结果表现为：油蒿群落＞杨柴群落＞花棒群落。在乌兰布和沙漠，苔藓结皮的生物量显著大于藻类和地衣结皮，柽柳群落内生物结皮生物量要大于油蒿群落内。毛乌素沙地生物结皮生物量大于乌兰布和沙漠，这主要与研究区降雨量有关。

（2）比较不同优势沙生灌木群落物理性质，结果表明：

①生物结皮层容重显著小于下层沙土和裸沙对照组，具体表现为苔藓结皮容重最大，地衣结皮次之，藻类结皮最小；在两种荒漠生态系统中，油蒿群落和柽柳群落中生物结皮容重均最大，并且后者要大于前者。②生物结皮自然含水量表现为苔藓结皮＞地衣结皮＞藻类结皮，而花棒群落和柽柳群落分别为两种荒漠生态系统中水分条件最好的。由于降雨量的差异，导致毛乌素沙地土壤自然含水量好于乌兰布和沙漠。③生物结皮的发育，使结皮层和下层沙土黏粉粒含量增大，其中苔藓结皮中黏粉粒含量最大，藻类结皮最小。油蒿群落下生物结皮组成结构优于盐池定位站地区其他两种群落，而柽柳群落优于磴口地区油蒿群落。毛乌素沙地生物结皮和下层沙土机械结构好于乌兰布和沙漠。

（3）比较不同优势沙生灌木群落化学性质，结果表明：

①生物结皮层 pH 显著小于下层沙土和裸沙对照组，苔藓结皮最小，藻类结皮最大。在毛乌素沙地，油蒿群落下生物结皮 pH 最小，花棒群落最大；而在乌兰布和沙漠，油蒿群落下生物结皮 pH 同样为

最小，柽柳群落最大。乌兰布和沙漠土壤 pH 大于毛乌素沙地，主要与磴口地区地表土壤盐渍化情况的出现有关。②土壤有机质和全氮主要集中在生物结皮层中，显著大于下层沙土和裸沙对照组。苔藓结皮有机质和全氮含量最高，地衣结皮次之，最小的为藻类结皮。在毛乌素沙地，油蒿群落土壤有机质和全氮含量最高，杨柴群落次之，花棒群落最低；而在乌兰布和沙漠，柽柳群落有机质和全氮含量最高，油蒿群落最小。乌兰布和沙漠有机质和全氮含量均高于毛乌素沙地。③土壤速效养分主要集中在生物结皮层中，并显著大于下层沙土和裸沙对照组。其变化规律与土壤有机质和全氮含量相一致，除了毛乌素沙地速效养分好于乌兰布和沙漠。④土壤酶活性在生物结皮层主要表现为，苔藓结皮＞地衣结皮＞藻类结皮，而在群落内主要表现为，油蒿群落＞杨柴群落＞花棒群落，以及柽柳群落＞油蒿群落。乌兰布和沙漠土壤酶活性好优于毛乌素沙地。

第 8 章　不同荒漠生态系统生物结皮对水分渗透的影响

水分是干旱、半干旱荒漠化地区植物生长与群落建设的主要限制因子（李柏等，2011）。土壤水分渗透能力是土壤重要的物理性质之一，土壤渗透能力决定了地表径流量的大小和土壤侵蚀量的多少（陈洪松和邵明安，2003）。本书以毛乌素沙地和乌兰布和沙漠两种荒漠生态系统为例，研究生物结皮对水分渗透作用的影响，为进一步研究生物结皮水分渗透特征以及水分动态变化规律提供依据和理论参考。

8.1　不同荒漠生态系统生物结皮及下层沙土含水量的变化

8.1.1　不同覆盖条件下地表土壤对水分渗透的影响

在毛乌素沙地和乌兰布和沙漠中，在不同植物群落内选择不同的覆被条件，即有生物结皮覆盖和裸沙对照组覆盖，地表土壤对水分渗透作用的影响。

图 8-1 为毛乌素沙地油蒿群落内不同覆被条件下生物结皮和裸沙对照组对水分渗透的影响。通过结果分析可得，在自然状态下，藻类结皮含水量为 0.31%，下层（0～5 cm）沙土含水量为 0.32%，地衣结皮自然含水量为 0.39%，下层（0～5 cm）沙土含水量为 0.43%，

苔藓结皮自然含水量为 0.64%，下层（0～5 cm）沙土含水量为 0.73%，而裸沙对照组表面沙土自然含水量为 0.22%，下层（0～5 cm）沙土含水量为 0.29%。随着降雨量的增大，生物结皮中含水量显著增大。在 2 mm 降雨量下，藻类结皮含水量增大 7.6%，下层沙土增大 2.13%；地衣结皮含水量增大 8.5%，下层沙土增大 3.02%；苔藓结皮含水量增大了 9.83%，下层沙土增大了 3.3%，而裸沙对照组表层沙土含水量增大了 5.22%，下层沙土增大了 3.16%。生物结皮层相对下层沙土含水量分别增大了 4.47%、5.48%和 6.53%，而裸沙对照组只增大了 2.06%，说明生物结皮层对水分有明显的阻碍作用。图 8-2 和图 8-3 分别为杨柴和花棒群落内生物结皮和裸沙对照组对水分渗透作用的影响，表现和油蒿群落相同的规律，即生物结皮覆盖对下层沙土水分吸收有明显的阻碍作用。

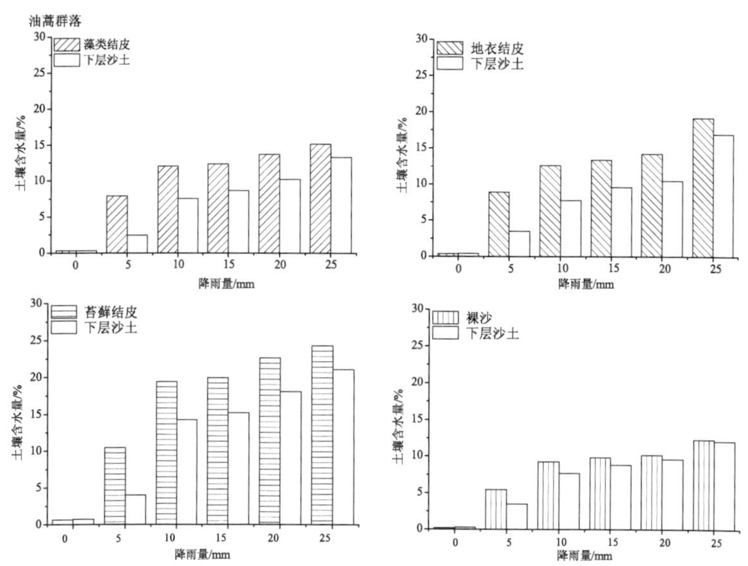

图 8-1　毛乌素沙地油蒿群落生物结皮及下层沙土含水量

注：0 mm 为自然状态下含水量。

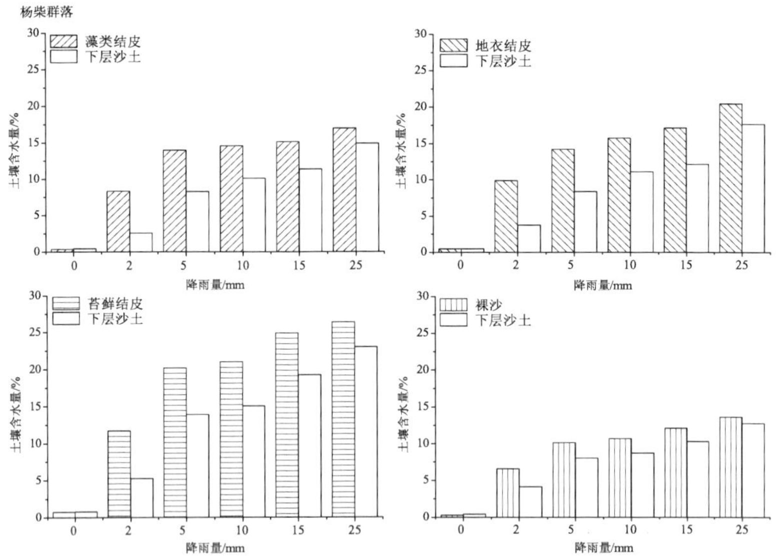

图 8-2 毛乌素沙地杨柴群落生物结皮及下层沙土含水量

注：0 mm 为自然状态下含水量。

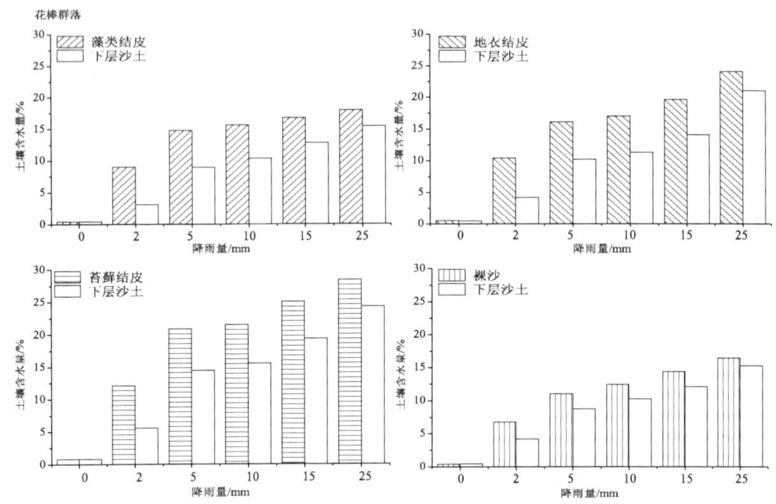

图 8-3 毛乌素沙地花棒群落生物结皮及下层沙土含水量

注：0 mm 为自然状态下含水量。

如图 8-4 所示，在乌兰布和沙漠，油蒿群落中藻类结皮自然含水量为 0.26%，下层（0～5 cm）沙土含水量为 0.27%，地衣结皮自然含水量为 0.35%，下层（0～5 cm）沙土含水量为 0.39%，藻类结皮自然含水量为 0.6%，下层（0～5 cm）沙土含水量为 0.69%，而裸沙对照组自然含水量为 0.21%，下层（0～5 cm）沙土自然含水量为 0.28%。随着降雨事件的发生，在 2 mm 降雨量下，生物结皮含水量分别增大了 6.19%、7.19%和 9.05%，下层沙土含水量分别增大了 3.3%、4.28%和 4.74%。生物结皮相对于下层沙土含水量分别增大了 2.89%、2.91%和 4.77%，同样说明生物结皮相对于裸沙表面对水分的渗透具有明显的阻碍作用。图 8-5 为柽柳群落生物结皮和裸沙对照组对水分渗透作用的影响情况，表现出与油蒿群落相同的规律。

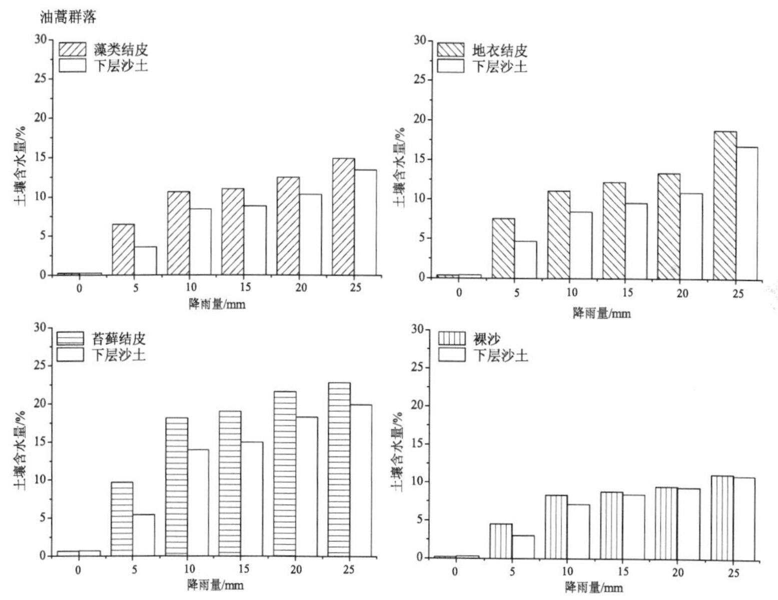

图 8-4　乌兰布和沙漠油蒿群落生物结皮及下层沙土含水量

注：0 mm 为自然状态下含水量。

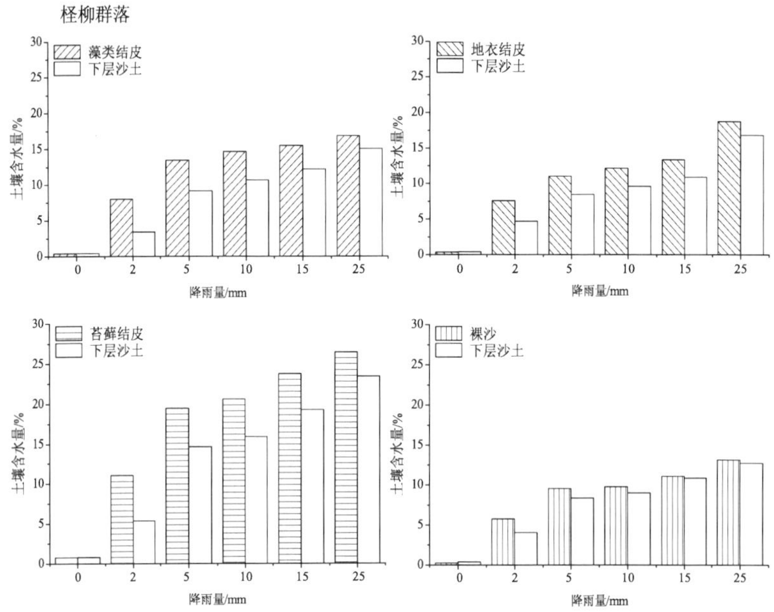

图 8-5 乌兰布和沙漠柽柳群落生物结皮及下层沙土含水量

注：0 mm 为自然状态下含水量。

8.1.2 不同降雨量下生物结皮对水分渗透的影响

图 8-6 为毛乌素沙地油蒿群落在不同降雨量下生物结皮和下层沙土的含水量特征。通过结果分析可得：随着降雨量的增加，藻类结皮含水量比下层（0～5 cm）沙土分别增大了 5.47%、4.46%、3.72%、3.54%和 1.81%，地衣结皮分别增大了 5.48%、4.89%、3.87%、3.8%和 2.37%，苔藓结皮分别增大了 6.53%、5.26%、4.83%、4.62%和 3.32%。通过上面的分析可以看出，随着降雨量的增大，生物结皮含水量较下层沙土的增大值逐渐降低，表现出负相关关系（$p<0.05$），也可以说明随着降雨量的增大，生物结皮阻挡水分渗透的能力在减

弱。单就 25 mm 降雨量条件下，藻类结皮和下层沙土的含水量来看，生物结皮含水量在逐渐减缓，而下层沙土含水量变化量明显比结皮层迅速，这有可能与生物结皮层要达到饱和持水量，水分可以更多地渗透到结皮层下沙土中去。但是降雨量为 25 mm 单次降雨在荒漠化地区是小概率事件，多数情况下降雨很难使生物结皮达到饱和状态，这也导致了地表水分的浅层化现象，不利用植被根系对水分的吸收，更容易造成植被的死亡和衰败。比较相同降雨量下，不同生物结皮阻挡水分的能力：苔藓结皮＞地衣结皮＞藻类结皮。苔藓结皮厚度更大，并且拥有更多的生物成分，增大地表表面积的同时，能够富集更多的沉降养分和枯落物。另外，生物结皮的容重越大，

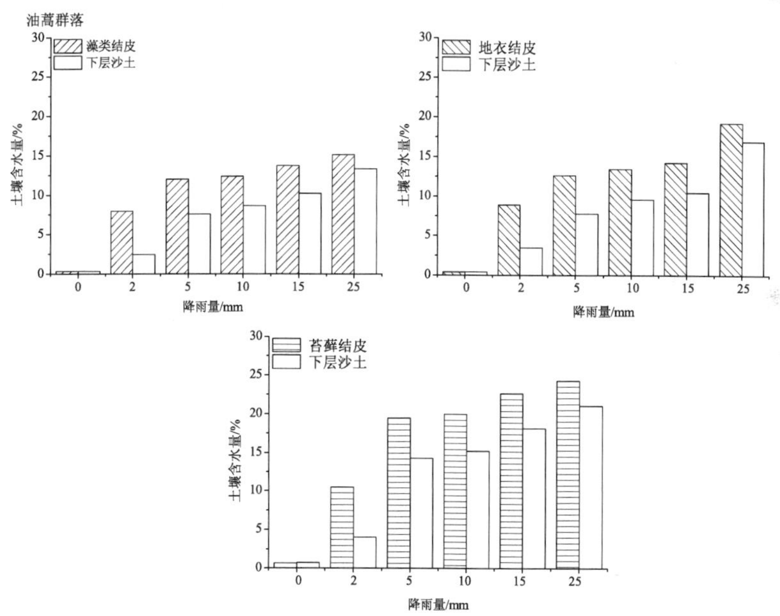

图 8-6　毛乌素沙地油蒿群落不同降雨量下土壤含水量

注：0 mm 为自然状态下含水量。

其阻挡水分入渗能力的越弱（郑纪勇等，2004）。苔藓结皮的容重较高，其孔隙度较低，这样更造成结皮层的难透水性，将更多的水分留在结皮表面。在盐池生态站样地内的杨柴和花棒群落表现出相同的变化规律（图 8-7，图 8-8），同样表现为：随着降雨量的增大，生物结皮阻挡水分的能力变弱，并呈现负相关关系（$p<0.05$）。另外，在相同降雨量下，不同生物结皮阻挡水分的能力表现为：苔藓结皮最强，地衣结皮次之，藻类结皮最弱。

Yair 等（2011）认为随着降雨量的增加，湿润锋也增加。另外，张军红（2013）认为在干旱、半干旱区，湿润锋与降水量的大小密切相关。这些都与本书研究结果一致。随着降雨量的增大，生物结皮的含水量相对自然状态急剧增大，而增大降雨量生物结皮含水量

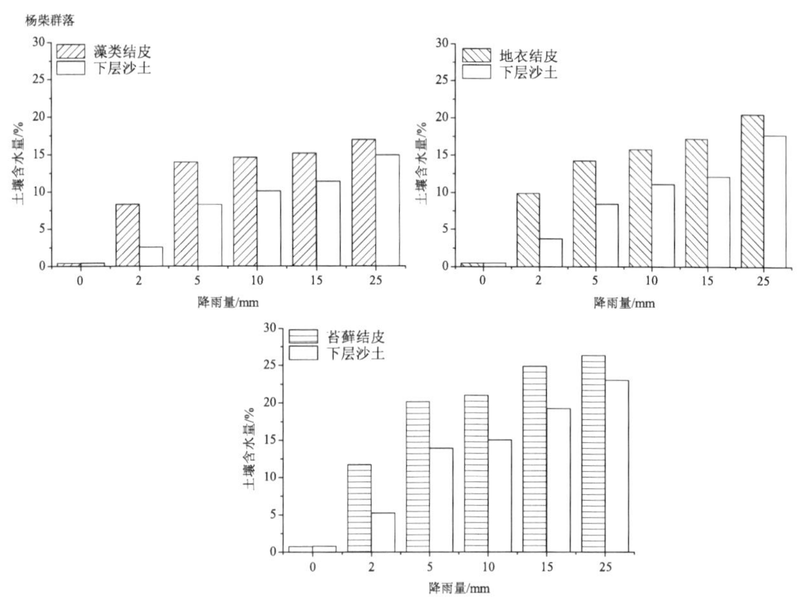

图 8-7　毛乌素沙地杨柴群落不同降雨量下土壤含水量

注：0 mm 为自然状态下含水量。

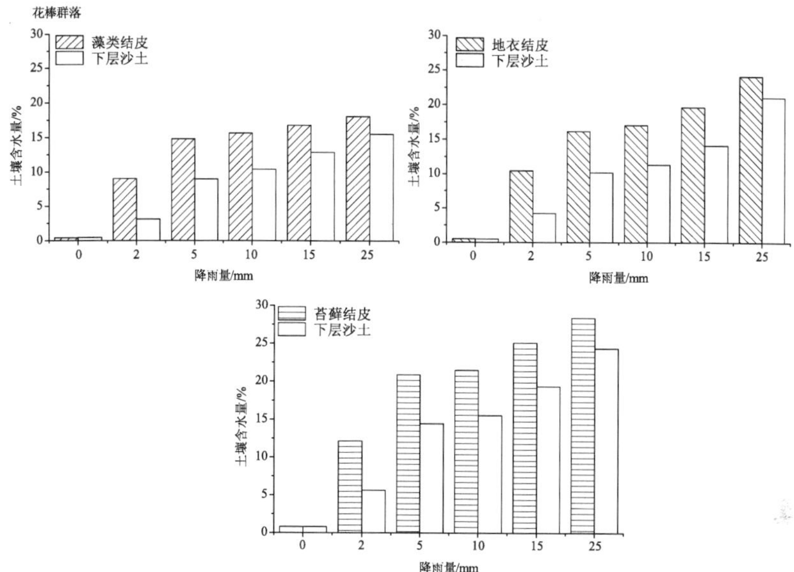

图 8-8　毛乌素沙地花棒群落不同降雨量下土壤含水量

注：0 mm 为自然状态下含水量。

增大逐渐减慢。干燥土壤的入渗能力最初很高，但是下降很快到一个或多或少的恒定值（H. Liu et al.，2011）。另外，当降雨量不断增大时，蓝藻结皮首先到达饱和持水量（小于 5 mm 降雨量），之后是地衣结皮（在 5 mm 到 10 mm 降雨量之间），最后到达饱和持水量的是苔藓结皮（大于 15 mm 降雨量）。因此，生物结皮水分湿润锋随着降雨量的增大而增大。

图 8-9 和图 8-10 为乌兰布和沙漠油蒿和柽柳群落下不同降雨量西生物结皮和下层沙土含水量的变化特征。通过对结果分析可得，随着降雨量的增大，藻类结皮在油蒿和柽柳群落内含水量较下层（0～5 cm）沙土分别增大了 2.89%、2.25%、2.21%、2.17%和 1.46%，以及 4.61%、4.36%、4.02%、3.32%和 1.85%。可以很明显地发现，随

着降雨量的增大，藻类结皮含水量增大值在显著减小，两者之间呈现负相关关系（$p<0.05$）。地衣和苔藓结皮在两种优势群落内也表现为相同的变化规律，即随着降雨量的增大，生物结皮阻挡水分的能力由强到弱的趋势为：降雨量增大，生物结皮阻挡水分的能力在逐渐减小。在磴口地区，降雨量小于 2 mm 的情况占所有降雨情况的一半以上，但是 2 mm 降雨量有时候很难穿透结皮层到达地表以下的区域。当地柽柳群落内生物结皮厚度很大，草本和小型灌木（除油蒿植被）物种多样性指数很高，这正是由于降雨量的稀少，水分只能补给表层生长的浅根系的草本和灌木，如油蒿这样的成体灌木，根部往往集中在降水补给和地下水分补给都到达不了的土层深度，所以经常会出现死亡和衰败的情况，这样就加速了当地植物群落的演替情况。

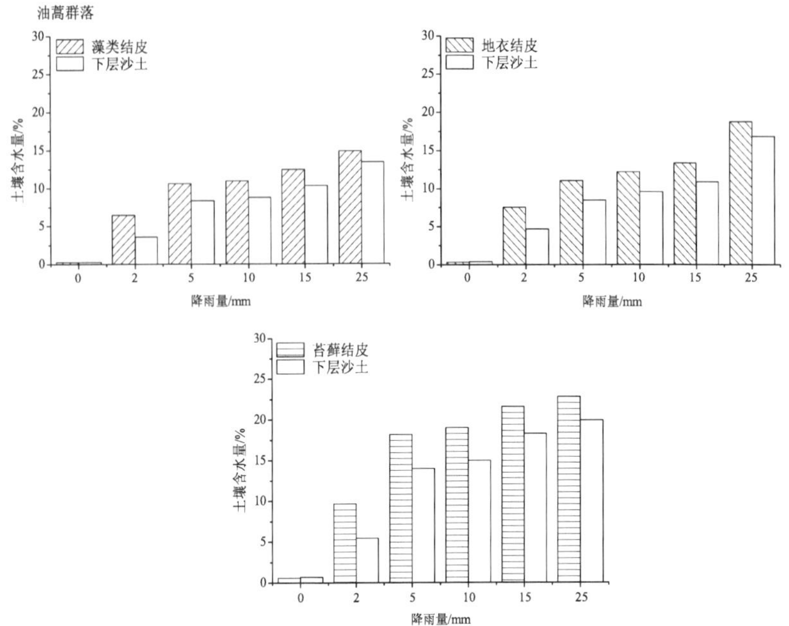

图 8-9　乌兰布和沙漠油蒿群落不同降雨量下土壤含水量

注：0 mm 为自然状态下含水量

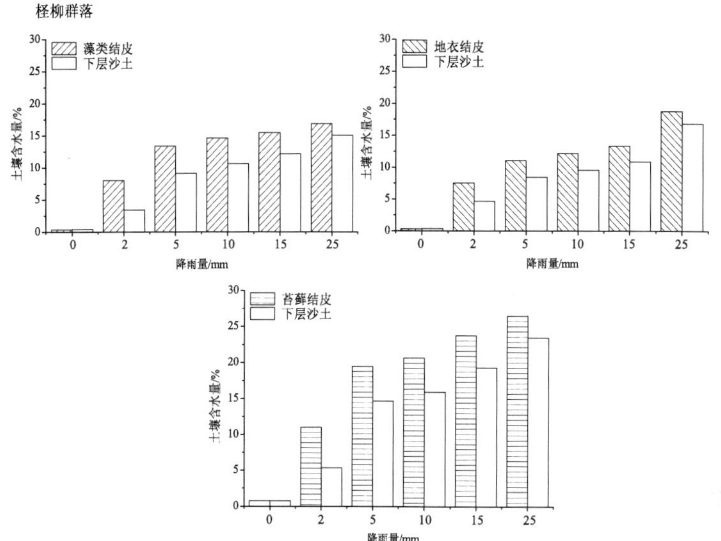

图 8-10 乌兰布和沙漠柽柳群落不同降雨量下土壤含水量

注：0 mm 为自然状态下含水量

两种荒漠生态系统内的油蒿群落下，生物结皮阻挡水分渗透作用的能力，我们可以发现，相同生物结皮阻挡水分的能力随着降雨量的增大而减小，原因上文已经说明，那么比较在相同降雨量条件下，生物结皮阻挡水分的能力变化趋势同样表现为：苔藓结皮＞地衣结皮＞藻类结皮。这说明不同的荒漠生态系统中，尽管生物结皮的类型会有差异，但是相同类型的生物结皮对水分阻挡的特性表现出相同的规律。

8.1.3 不同冠层下生物结皮对水分渗透的影响

图 8-11 为毛乌素沙地优势沙生灌木群落内，不同降雨量条件下，生物结皮含水量较下层（0～5 cm）沙土增大值，其中花棒群落内藻

类结皮含水量增大值显著大于油蒿和杨柴群落，其中与油蒿群落极显著差异（$p<0.01$），与杨柴群落显著差异（$p<0.05$）。在相同降雨量条件下，相同生物结皮的基础上，不同冠层状况阻挡水分的能力表现为：花棒＞杨柴＞油蒿。究其原因，我们可以发现，与油蒿群落相比较，花棒和杨柴群落内生物结皮的厚度较大，容重较大，自然含水量较高。在盐池当地群落内，杨柴和花棒处于植物演替的末端，其对水分的强烈阻挡作用，加重了群落内优势种植被的衰退。

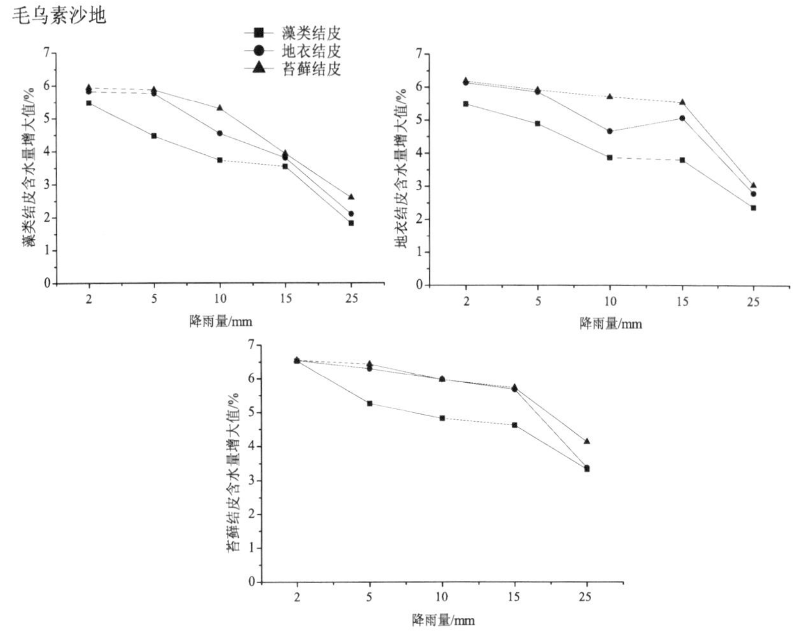

图 8-11 毛乌素沙地生物结皮含水量增大值

图 8-12 为乌兰布和沙漠油蒿和柽柳群落内，生物结皮含水量较下层（0～5 cm）沙土增大值。柽柳群落内生物结皮厚度较大，容重较大，柽柳宽大的冠幅和林下枯枝落叶层对降水的阻碍作用也是不

可忽视的，这样便导致了其群落内生物结皮较强的阻挡水分渗透的能力。

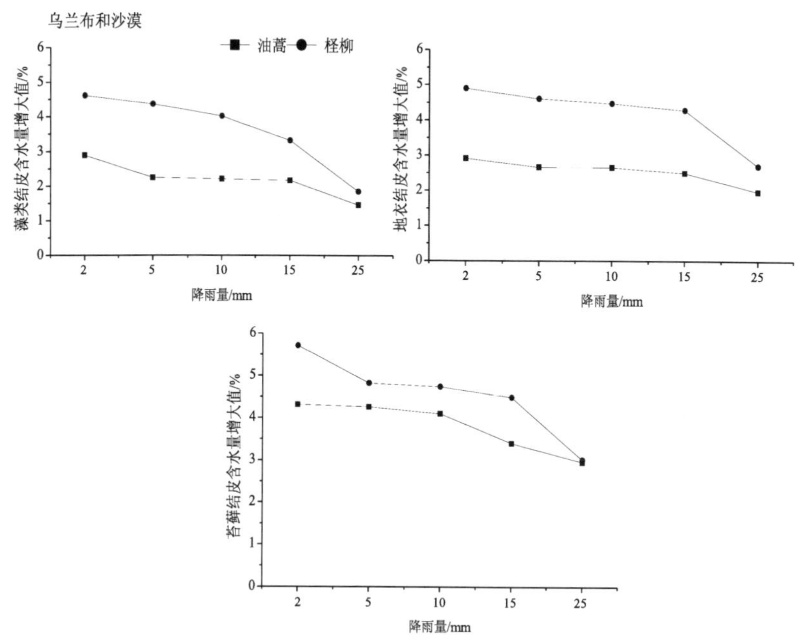

图 8-12　乌兰布和沙漠生物结皮含水量增大值

比较不同荒漠生态系统中油蒿群落内生物结皮对水分阻碍作用的相互关系，我们可以发现：在磴口地区的样地内，生物结皮表层出现较为严重的盐渍化现象。经过长时间的曝晒，结皮层表面出现盐晶体。到降雨到来时，水分首先需要淋融盐分，之后才形成渗透过程，这样就延长了水分的渗透时间，加上该地区短时降雨较多，使地表土壤蒸发的可能性大大增加，这样就造成了当地植物群落对降雨水分利用的低效性。一旦降雨到达，表层土壤由于较低容重和厚度的影响，能够较为快速地吸收水分，阻挡水分的能力也相对较低。

8.2 不同荒漠生态系统土壤湿润锋的变化特征

8.2.1 不同覆盖条件下湿润锋的变化特征

表 8-1 为毛乌素沙地优势群落水分渗透湿润锋的特征。在初渗阶段，油蒿群落内的生物结皮覆盖下湿润锋显著小于裸沙对照组（$p<0.05$）。在 2 mm 降雨条件下，藻类、地衣和苔藓结皮的湿润锋分别为 3.65 cm、3.17 cm 和 2.52 cm，而裸沙对照组的湿润锋明显大于生物结皮覆盖为 5.23 cm。说明与裸沙对照，生物结皮对水分渗透过程具有明显的阻碍作用。湿润锋在生物结皮覆被下的推进速度分别为 4.15 mm/min、3.57 mm/min 和 3.12 mm/min，而在裸沙对照组中湿润锋的推进速度达到 6.45 mm/min，分别为生物结皮覆被下的 1.55 倍、1.81 倍和 2.07 倍。在降雨初期，生物结皮覆被下湿润锋的大小和推进速度明显小于裸沙对照组。在 5 mm、10 mm、15 mm 和 25 mm 降雨条件下，表现出相一致的规律。杨柴和花棒群落中生物结皮在不同降雨量条件下湿润锋的变化规律与油蒿群落相同。在降雨初期，生物结皮将大量的降雨保存在生物结皮层中，使初渗速度减小，而裸沙对水分的阻挡能力明显较弱，初渗速度较大，这样更加造成了毛乌素沙地生物结皮覆盖下水分条件的浅层化现象，大量水分在结皮层中的滞留，增大了水分蒸发的可能性。

经过降雨初期，水分渗透速度明显降低，形成稳渗状态。在油蒿群落中，2 mm 降雨条件下，藻类、地衣和苔藓结皮覆被下湿润锋的推进速度较初渗阶段明显降低，分别为 1.98 mm/min、1.53 mm/min 和 1.46 mm/min，而裸沙对照组湿润锋的推进速度下降更为明显，仅为 1.08 mm/min，生物结皮覆被下湿润锋推进速度明显大于裸沙对照组。在较大降雨量条件下的稳渗阶段，生物结皮覆盖下湿润锋的推进速度同样大于裸沙对照组。这说明随着降雨进程的继续，停留在结皮层中还没有蒸发的水分迅速地下渗到结皮和下层沙土中，而裸沙覆盖将水分渗透的较大速度提前，导致水分的稳渗速度小于生物结皮覆盖下。同样，生物结皮覆盖下湿润锋小于裸沙对照组，这也说明生物结皮对水分具有阻挡作用。在整个水分渗透的过程中，生物结皮覆盖下沙土水分渗透时间明显小于裸沙对照组，同样说明生物结皮对水分均有一定的阻挡作用。杨柴和花棒群落内生物结皮在不同降雨量条件下湿润锋的稳渗速度大于裸沙对照组，而前者湿润锋小于后者。

如表 8-2 所示，在乌兰布和沙漠油蒿群落内，降雨初期阶段，2 mm 降雨条件下，生物结皮覆盖下的湿润锋最大值为藻类结皮，为 3.65 cm，地衣结皮次之，为 3.12 cm，苔藓结皮最小为 2.74 cm，而裸沙对照组的湿润锋明显大于生物结皮覆盖下，达到 5.34 cm。在生物结皮覆被下湿润锋的推进速度分别为 4.44 mm/min、3.86 mm/min 和 3.41 mm/min，而裸沙对照组覆被下湿润锋的推进速度为 6.74 mm/min，分别为生物结皮覆被下的 1.52 倍、1.75 倍和 1.98 倍，生物结皮覆盖下湿润锋小于裸沙对照组，前者的初渗速度也小于后者。在较大降雨量条件下，表现出相同的变化规律。柽柳群落内，生物结皮覆被下湿润锋的变化特征表现出相同的规律。这说明生物结皮阻碍水分渗透的同时，与其发育过程呈现正相关关系，即裸沙对照组阻挡水分渗透的能力最弱，苔藓结皮阻挡水分渗透的能力最强。

在水分稳渗阶段，生物结皮和裸沙对照组覆盖下湿润锋大小和推进速度均明显减小。2 mm 降雨条件下，藻类结皮湿润锋的推进速度从 4.44 mm/min 下降到 2.02 mm/min，地衣结皮覆盖下从 3.86 mm/min 下降到 1.67 mm/min，苔藓结皮覆盖下从 3.41 mm/min

表 8-1 毛乌素沙地不同覆被下湿润锋特征

优势群落	生物结皮类型	初渗速度/（mm/min）					稳渗速度/（mm/min）					渗透时间/min				
		2 mm	5 mm	10 mm	15 mm	25 mm	2 mm	5 mm	10 mm	15 mm	25 mm	2 mm	5 mm	10 mm	15 mm	25 mm
油蒿	藻类	4.15	6.34	8.42	12.59	18.48	1.98	2.45	3.87	4.79	6.02	16.4	19.6	23.8	29.7	34.5
	地衣	3.57	4.22	6.55	8.21	12.43	1.53	1.69	2.67	3.80	4.68	13.2	16.5	19.5	20.4	28.1
	苔藓	3.12	3.99	5.47	7.45	10.60	1.46	1.51	2.47	3.26	4.01	12.2	14.8	17.4	18.1	25.7
	裸沙对照组	6.45	8.50	11.34	15.62	23.57	1.08	1.23	1.93	2.68	3.37	20.1	22.9	29.1	33.8	39.6
杨柴	藻类	3.81	6.00	8.08	12.25	18.14	1.73	2.25	3.01	3.98	5.53	15.2	17.5	20.5	25.4	30.2
	地衣	3.23	3.88	6.21	7.87	12.09	1.41	1.49	1.89	2.69	3.41	12.8	14.3	16.5	17.4	24.6
	苔藓	2.78	3.65	5.13	7.11	10.26	1.37	1.42	1.76	2.58	3.08	11.8	12.9	14.4	15.6	23.1
	裸沙对照组	6.11	8.16	11.00	15.28	23.23	1.01	1.20	1.49	1.98	2.52	18.5	19.4	26.6	31.4	35.1
花棒	藻类	3.76	5.95	8.03	12.2	18.09	1.69	2.07	2.82	3.58	5.23	14.5	16.2	18.4	22.1	25.8
	地衣	3.18	3.83	6.16	7.82	12.04	1.37	1.42	1.69	2.24	3.22	10.8	12.7	15.2	15.6	20.2
	苔藓	2.73	3.60	5.08	7.06	10.21	1.33	1.36	1.51	2.14	2.89	10.3	11.9	13.7	14.3	18.5
	裸沙对照组	6.06	8.11	10.95	15.23	23.18	1.00	1.04	1.13	1.51	2.24	16.6	17.4	23.4	26.5	30.3

表 8-2 乌兰布和沙漠不同覆被下湿润锋特征

优势群落	生物结皮类型	初渗速度/（mm/min）					稳渗速度/（mm/min）					渗透时间/min				
		2 mm	5 mm	10 mm	15 mm	25 mm	2 mm	5 mm	10 mm	15 mm	25 mm	2 mm	5 mm	10 mm	15 mm	25 mm
油蒿	藻类	4.44	6.63	8.71	12.88	18.77	2.02	2.57	3.99	4.84	6.13	16.8	21.3	26.4	31.6	36.1
	地衣	3.86	4.51	6.84	8.50	12.72	1.67	1.82	2.89	3.89	4.86	14.1	18.5	22.3	23.6	30.4
	苔藓	3.41	4.28	5.76	7.74	10.89	1.56	1.68	2.75	3.32	4.32	13.7	17.4	21.3	21.5	28.5
	裸沙对照组	6.74	8.79	11.63	15.91	23.86	1.23	1.41	2.09	2.87	3.61	22.5	24.7	30.6	36.4	41.5
柽柳	藻类	3.82	6.02	8.10	12.27	18.16	1.71	2.24	2.95	3.65	5.34	14.8	15.8	18.6	23.7	29.5
	地衣	3.35	3.90	6.23	7.89	12.11	1.37	1.45	1.81	2.45	3.10	12.5	13.2	15.4	16.1	20.3
	苔藓	3.04	3.67	5.15	7.13	10.28	1.35	1.37	1.63	2.35	2.91	11.6	11.9	13.7	14.3	18.9
	裸沙对照组	6.43	8.18	11.02	15.3	23.25	1.00	1.14	1.33	1.67	2.25	17.9	18.3	24.6	27.7	32.3

下降到 1.56 mm/min，裸沙对照组下降趋势最为明显，从 6.74 mm/min 降为 1.23 mm/min。在稳渗阶段，生物结皮覆盖下湿润锋小于裸沙对照组，而前者的推进速度大于后者。相同的变化规律也反映在较大降雨量条件下。在柽柳群落内，不同降雨量条件下，生物结皮覆盖下湿润锋的推进速度大于裸沙对照组。整个渗透时间上，裸沙对照组明显大于生物结皮覆盖下。

比较两种荒漠生态系统内优势群落湿润锋的变化特征，不难发现，在初渗阶段，生物结皮覆盖下湿润锋大小和推进的速度均小于裸沙对照组。而比较油蒿群落内生物结皮的湿润锋特征可以看出，在初渗阶段，毛乌素沙地油蒿群落生物结皮湿润锋小于乌兰布和沙漠，而稳渗阶段，表现出相反的规律。这与生物结皮自然含水量和厚度、养分情况有直接的关系。在毛乌素沙地，油蒿群落内生物结皮的自然含水量较大，当发生降雨事件，前期含水量较大，土壤入渗的速度较小。结皮厚度越大，自然含量明显增大，养分条件也更好。随着降雨进程的继续，乌兰布和沙漠土壤稳渗速度明显降低，小于毛乌素沙地，这是由于前期水分的大量渗透，结皮层中滞留的水分相对较少，无法为后续的渗透提供水分的补给。

8.2.2 不同降雨量下湿润锋的变化特征

由表 8-1 可以得出，在毛乌素沙地的油蒿群落内，在降雨初期，随着降雨量的增大，藻类结皮的湿润锋分别为 3.65 cm、5.65 cm、7.81 cm、10.89 cm 和 16.41 cm，地衣结皮的湿润锋分别为 3.17 cm、4.01 cm、6.13 cm、7.88 cm 和 11.83 cm，苔藓结皮的湿润锋分别为 2.52 cm、3.45 cm、5.06 cm、7.03 cm 和 9.72 cm，均表现出逐渐增大的趋势。而藻类结皮湿润锋的推进速度分别为 4.15 mm/min、6.34 mm/min、8.42 mm/min、12.59 mm/min 和 18.48 mm/min，地衣

结皮的湿润锋推进速度分别为 3.57 mm/min、4.22 mm/min、6.55 mm/min、8.21 mm/min 和 12.43 mm/min，苔藓结皮的湿润锋推进速度分别为 3.12 mm/min、3.99 mm/min、5.47 mm/min、7.45 mm/min 和 10.60 mm/min，同样表现为与降雨量的大小正相关的关系。通过前一节的研究，可以知道随着降雨量的增大，生物结皮阻挡水分渗透的能力在逐渐减小，湿润锋表现出逐渐增大的趋势。在杨柴和花棒群落中，相同种类生物结皮随着降雨量的增大，湿润锋大小和推进速度均逐渐增大。到达稳渗阶段，随着降雨量的增大，生物结皮湿润锋的大小和推进速度均同样明显增大。整个渗透过程中，水分渗透时间也同样明显增大。在降雨初期，生物结皮将大量的水分锁在结皮层中，通过土壤容重和孔隙度来决定水分的渗透情况。随着降雨进程的发展，生物结皮首先到达饱和状态，之后多余的水分开始下渗到下层沙土中。降雨量增大，供给生物结皮的水分越多，生物结皮也越容易达到饱和状态。

在乌兰布和沙漠的油蒿群落中（表 8-2），在降雨初期，藻类结皮在 2 mm 降雨条件下的湿润锋推进速度最小，为 4.44 mm/min，随着降雨进程的发展，降雨量逐渐增大，湿润锋的推进速度也开始增大，当到 25 mm 降雨量时，湿润锋的推进速度达到 18.77 mm/min，而且地衣和苔藓结皮随降雨量的变化，表现出同样的变化规律。在柽柳群落内，湿润锋的变化特征也表现出相同的规律。随着降雨进程的发展，生物结皮覆盖下湿润锋推进速度开始减小，但同样随着降雨量的增大而逐渐增大，同样柽柳群落也表现出相同的变化规律。整个渗透过程中，在 2 mm 降雨量条件下，藻类结皮覆盖下水分渗透时间最少为 16.8 min，而在 25 mm 降雨量条件下，藻类结皮覆盖下水分渗透时间最多为 36.1 min，同样表现为随着降雨量的增大，藻类结皮覆盖下水分渗透时间逐渐增大，同时地衣和苔藓结皮也表现出相同的变化规律，即 25 mm＞15 mm＞10 mm＞5 mm＞2 mm。

比较两种荒漠生态系统内优势群落在不同降雨量条件下湿润锋的变化特征。毛乌素沙地植物群落内生物结皮厚度较大，阻挡水分下渗的同时，降低水分初渗速度和湿润锋大小。随着降雨量的增大，生物结皮阻挡水分渗透的能力减弱。另外，随着水分渗透进程的发展，水分稳渗阶段开始出现，水分下渗速度的拐点出现在初渗和稳渗阶段的连接处，而不是湿润锋的最深层沙土中。乌兰布和沙漠生物结皮厚度较小，自然持水量较小，遇到降雨事件，水分较小的地表情况能够吸收更多的水分，这样便导致毛乌素沙地油蒿群落生物结皮湿润锋大小、推进速度和水分渗透时间均小于乌兰布和沙漠。

8.2.3 不同冠层下湿润锋的变化特征

由表 8-1 可以看出，在降雨初期的毛乌素沙地样地内，在 2 mm 降雨量条件下，藻类结皮在油蒿、杨柴和花棒三种不同优势群落中湿润锋分别为 3.65 cm、2.71 cm 和 2.24 cm，地衣结皮在三种优势群落的湿润锋分别为 3.17 cm、2.58 cm 和 2.01 cm，苔藓结皮的湿润锋分别为 2.52 cm、2.32 cm 和 1.84 cm。生物结皮在三种优势群落内表现出相同的变化规律，即油蒿群落＞杨柴群落＞花棒群落。当降雨量逐渐增大的过程中，生物结皮在不同优势群落中表现出相一致的变化规律。再观察 2 mm 降雨条件下，生物结皮在三种优势群落内湿润锋的推进速度，可以得出，藻类结皮湿润锋的推进速度分别为 4.15 mm/min、3.81 mm/min 和 3.76 mm/min，地衣结皮在三种优势群落的湿润锋分别为 3.57 mm/min、3.23 mm/min 和 3.18 mm/min，苔藓结皮的湿润锋分别为 3.12 mm/min、2.78 mm/min 和 2.73 mm/min。生物结皮湿润锋初期推进速度和湿润锋大小表现出一致的变化规律，即油蒿群落＞杨柴群落＞花棒群落经过水分渗透的初期阶段，土壤水分渗透开始出现稳渗状态。在 2 mm 降雨量条件下，藻类结皮在三种优势群落中湿润锋的推进速度明显降低，其中花棒群落内下降最为明显，达到 55.1%，而油蒿和杨柴群落分别下降了 52.3%和 54.6%。在油蒿、杨柴和花棒三种优势群落中，藻类结皮湿润锋的稳渗速度分别为 1.98 mm/min、1.73 mm/min 和 1.69 mm/min，地衣结皮湿润锋稳渗速度分别为 1.53 mm/min、1.41 mm/min 和 1.37 mm/min，苔藓结皮湿润锋稳渗速度分别为 1.46 mm/min、1.37 mm/min 和 1.33 mm/min。对上述数据分析可以得出，生物结皮在三种优势群落中湿润锋的稳渗速度的大小关系表现为：油蒿群落＞杨柴群落＞花棒群落。当降雨量增大时，生物结皮在不同优势群落中湿润锋的推进速度变化规律相同。在 5 mm 降雨量条件下，在三种不同优势群落中，藻类结皮覆盖下水分渗透时间分别为 19.6 min、17.5 min 和 16.2 min，地衣结皮覆盖下水分渗透时间分别为 16.5 min、14.3 min 和 12.7 min，苔藓结皮覆盖下水分渗透时间分别为 14.8 min、12.9 min 和 11.9 min。其中，油蒿群落中生物结皮覆盖下水分渗透时间最久，杨柴群落次之，水分渗透时间最短的是花棒群落。同时，其他降雨量条件下水分渗透时间的变化规律和 5 mm 降雨量条件相一致。

通过对生物结皮厚度、容重和自然含水量的研究已经知道，花棒群落内生物结皮的厚度最大，容重最小，自然含水量最大。在降雨事件初期，水分接触到沙区地表，生物结皮先于下层沙土吸收大气水分。花棒群落内生物结皮厚度最大，持有的水量也较大，对水分渗透的抑制作用较为明显，这样导致了其生物结皮水分初渗速度最低，而在油蒿群落内，生物结皮厚度较小，自然状态下持有的水量较小，水分大量补给生物结皮的生存需要，导致初期的水分渗透速度最大。随着水分渗透进程的发展，油蒿群落生物结皮覆盖下湿润锋稳渗速度同样最大，水分渗透时间也最长，而花棒群落生物结皮覆盖下湿润锋稳渗速度最小，水分渗透时间最短。在生物多样性的研究中，我们已经得出，在毛乌素沙地，油蒿群落会逐渐取代杨柴和花棒群落成为盐池当地的优势群落。在这里研究土壤湿润锋的变化特征，再次证明了，油蒿群落对大气降水的利用率更高，生物结皮与油蒿植被之间较少存在竞争的关系，水分渗透作用较为明显，有利于油蒿群落的演替发展。

如表 8-2 所示，在降雨初期的乌兰布和沙漠样地内，模拟 15 mm 降雨条件，在油蒿和柽柳群落中，藻类结皮覆盖下湿润锋分别为 10.33 cm 和 9.87 cm，地衣结皮覆盖下湿润锋分别为 7.42 cm 和 6.49 cm，苔藓结皮覆盖下湿润锋分别为 6.81 cm 和 6.03 cm。油蒿群落中生物结皮湿润锋明显大于柽柳群落中。再观察 15 mm 降雨量条件下生物结皮在油蒿和柽柳群落中湿润锋的推进速度的变化特征，可以发现，油蒿群落中藻类、地衣和苔藓结皮湿润锋的推进速度分别为 12.88 mm/min、8.50 mm/min 和 7.74 mm/min，柽柳群落中三种生物结皮湿润锋的初渗速度分别为 12.27 mm/min、7.89 mm/min 和 7.13 mm/min。生物结皮覆盖下湿润锋推进速度的变化规律同样表现为油蒿群落＞柽柳群落。

模拟 25 mm 降雨量条件下，在油蒿和柽柳群落中，藻类结皮覆盖下湿润锋稳渗速度分别为 6.13 mm/min 和 5.34 mm/min，地衣结皮覆盖下湿润锋稳渗速度分别为 4.86 mm/min 和 3.10 mm/min，苔藓结皮覆盖下湿润锋稳渗速度分别为 4.32 mm/min 和 2.91 mm/min。观察水分渗透时间的变化特征可以看出，在油蒿和柽柳群落中，藻类结皮覆盖下水分渗透时间分别为 36.1 min 和 29.5 min，地衣结皮覆盖下水分渗透时间分别为 30.4 min 和 20.3 min，苔藓结皮覆盖下水分渗透时间分别为 28.5 min 和 18.9 min。湿润锋稳渗速度和水分渗透时间在油蒿群落中明显大于柽柳群落。其他降雨量条件下，湿润锋稳渗速度和水分渗透时间表现出相同的变化规律，即油蒿群落＞柽柳群落。

在乌兰布和沙漠中，不同优势群落内生物结皮覆盖下湿润锋推进速度和水分渗透时间同样和生物结皮厚度、容重和自然含水量有直接的关系。柽柳群落内生物结皮厚度明显较大，自然含水量同样较大，而容重却较小。柽柳群落内生物结皮持水的能力好于油蒿群落内，这样直接导致水分向下的推进速度明显降低，随着渗透时间也减小。在磴口地区，柽柳群落作为优势群落，尽管生物结皮对水分渗透阻挡作用明显，但是地下水分对植物群落的补给，使得柽柳群落地表和深层地下水分条件都明显好于油蒿群落，这同样再次证明了柽柳群落逐渐取代油蒿群落成为当地的优势群落，也揭示了当地植物群落的演替发展方向。

比较两种荒漠生态系统油蒿群落内湿润锋的变化特征，可以看出，在 10 mm 降雨条件下，毛乌素沙地藻类结皮覆盖下湿润锋的初渗速度和稳渗速度分别为 8.42 mm/min 和 3.87 mm/min，而乌兰布和沙漠中藻类结皮覆盖下湿润锋的初渗速度和稳渗速度分别为 8.71 mm/min 和 3.99 mm/min，毛乌素沙地藻类结皮的湿润锋渗透速度明显小于乌兰布和沙漠中藻类结皮，同时地衣和苔藓结皮湿润锋渗透速度表现出同样的变化规律。在盐池生态站样地内，生物结皮厚度明显较大，自然条件下土壤水分条件较好，当遇到降雨事件时，生物结皮对水分的利用率相对较高，更多的水分被保存在结皮层中，阻挡水分的进一步下渗过程。但是，在磴口地区，油蒿群落内生物结皮与油蒿植被存在水分、养分条件的竞争关系，导致整个油蒿群落出现大量死亡的现象，水分下渗深度无法为油蒿植被根部提供充足的水分补给，而在盐池生态站，油蒿群落作为优势群落，生物结皮与油蒿植被呈现互惠的关系，共同分享水分条件的同时，也将生物结皮中的养分条件带到下层沙土中，供植被根部吸收利用。

8.3 不同荒漠生态系统土壤水分入渗特征的数学模拟

8.3.1 毛乌素沙地

8.3.1.1 油蒿群落

对毛乌素沙地油蒿群落生物结皮样地入渗实验数据进行拟合（表 8-3），根据所得结果评价三种模型在油蒿群落的适用性和准确性。从表 8-3 可知，在藻类结皮覆盖下，不同降雨量条件下，Kostiakov 模型参数 m 变化范围在 4.64～6.68，最大值出现在 25 mm 降雨量条件下，最小为 2 mm 降雨量条件下，n 值变化在 0.17～0.28，n 值越大，入渗速度随时间减小得越快，可以看出 25 mm 降雨量条件下入渗速度减小最快，2 mm 降雨量条件下水分入渗速度减小最慢；Horton 模型拟合结果表明，初渗速度 f_0 变化范围在 4.15～18.48 mm/min，稳渗速度 f_c 变化范围在 1.98～6.02 mm/min，k 值的变化范围在 2.09～2.78，反映了入渗速度的递减情况；Philip 模型拟合结果表明，s 值变化范围在 6.79～8.34，反映了水分入渗速度的递减情况，其中 2 mm 降雨量条件下最小，25 mm 降雨量条件下最大，a 值的变化范围在 0.97～1.16，2 mm 降雨量条件下最小，25 mm 降雨量条件下最大。从入渗模型拟合相关系数 R^2 值和 RSME 值的大小可以判断油蒿群落藻类结皮覆盖下水分渗透拟合效果。其中 Kostiakov 模型 R^2 值变化范围在 0.57～0.82，RSME 值变化范围在 0.75～0.84；Horton 模型 R^2 值变化范围在 0.89～0.98，RSME 值变化范围在 0.91～0.98；Philip 模型 R^2 值变化范围在 0.45～0.68，RSME 值变化范围在 0.58～0.78。

这表明在藻类结皮覆盖下水分入渗模型中 Horton 模型能够更好地反映油蒿群落中藻类结皮覆盖下水分入渗的过程，也更适用于描述油蒿群落藻类结皮覆盖下水分入渗的特征。

在地衣结皮覆盖下，不同降雨量条件下，Kostiakov 模型参数 m 变化范围在 4.42～5.89，25 mm 降雨量条件下最大，2 mm 降雨量条件下最小，n 值的变化范围在 0.22～0.27，其中 25 mm 降雨量条件下水分入渗速度减小的最快，而 2 mm 降雨量条件下水分入渗速度减小的最慢；Horton 模型中，初渗速度 f_0 变化范围在 3.57～12.43 mm/min，稳渗速度 f_c 变化范围在 1.53～4.68 mm/min，k 值变化的范围为 1.39～2.11，反映了水分入渗速度的递减情况，其中 2 mm 降雨量条件下最小，25 mm 降雨量条件下最大；Philip 模型拟合结果表明，s 值变化范围在 5.74～6.45，其中 2 mm 降雨量条件下水分入渗速度递减最慢，25 mm 降雨量条件下入渗速度递减最快，a 值变化范围在 0.36～1.06，2 mm 降雨量条件下最小，而 25 mm 降雨量条件下最大。从入渗模型拟合相关系数 R^2 值和 RSME 值的大小可以判断油蒿群落地衣结皮覆盖下水分渗透拟合效果。其中 Kostiakov 模型 R^2 值变化范围在 0.65～0.73，RSME 值变化范围在 0.69～0.82；Horton 模型 R^2 值变化范围在 0.91～0.97，RSME 值变化范围在 0.93～0.94；Philip 模型 R^2 值变化范围在 0.54～0.73，RSME 值变化范围在 0.49～0.75。这同样表明在地衣结皮覆盖下水分入渗模型中 Horton 模型能够更好地反映油蒿群落中地衣结皮覆盖下水分入渗的过程，也更适用于描述油蒿群落地衣结皮覆盖下水分入渗的特征。

在苔藓结皮覆盖下，不同降雨量条件下，Kostiakov 模型参数 m 变化范围在 4.12～5.72，25 mm 降雨量条件下最大，2 mm 降雨量条件下最小，n 值的变化范围在 0.19～0.29，其中 25 mm 降雨量条件下水分入渗速度减小的最快，而 2 mm 降雨量条件下水分入渗速度减小得最慢；Horton 模型中，初渗速度 f_0 变化范围在 3.12～10.60 mm/min，稳渗速度 f_c 变化范围在 1.46～4.01 mm/min，k 值的变化范围在 1.47～2.41，其中 2 mm 降雨量条件下水分入渗速度递减最慢，25 mm 降雨量条件下入渗速度递减最快；Philip 模型拟合结果表明，s 值变化范围在 5.32～6.14，其中 2 mm 降雨量条件下水分入渗速度递减最慢，25 mm 降雨量条件下入渗速度递减最快，a 值变化范围在 0.45～1.01，2 mm 降雨量条件下最小，而 25 mm 降雨量条件下最大。验证油蒿群落苔藓结皮覆盖下水分渗透拟合效果可以通过相关系数 R^2 值和 RSME 值的大小来判断。其中 Kostiakov 模型 R^2 值变化范围在 0.54～0.82，RSME 值变化范围在 0.66～0.85；Horton 模型 R^2 值变化范围在 0.88～0.96，RSME 值变化范围在 0.91～0.97；Philip 模型 R^2 值变化范围在 0.42～0.78，RSME 值变化范围在 0.58～0.88。在苔藓结皮覆盖下，Horton 模型能够更好的反映该样地内水分入渗的过程，也更适用于描述水分入渗的特征。

而在裸沙对照组土壤水分入渗模型拟合情况与生物结皮覆盖有所差别，Kostiakov 模型参数 m 变化范围在 6.89～8.15，10 mm 降雨量条件下最小，25 mm 降雨量条件下最大，n 值的变化范围在 0.23～0.31，其中 10 mm 降雨量条件下水分入渗速度递减得最慢，而 25 mm 降雨量条件下入渗速度减小得最快；Horton 模型中，初渗速度 f_0 变化范围在 6.45～23.57 mm/min，稳渗速度 f_c 变化范围在 1.08～3.37 mm/min，k 值的变化范围在 2.01～2.67，其中 10 mm 降雨量条件下水分入渗速度递减得最慢，而 25 mm 降雨量条件下入渗速度减小得最快；Philip 模型拟合结果表明，s 值变化范围在 6.47～7.57，其中 10 mm 降雨量条件下水分入渗速度递减最慢，25 mm 降雨量条件下入渗速度递减最快，a 值变化范围在 0.96～1.14，10 mm 降雨量条件下最小，而 25 mm 降雨量条件下最大。通过比较相关系数 R^2

值和 RSME 值的大小来验证油蒿群落内裸沙对照组水分入渗的拟合效果，其中 Kostiakov 模型 R^2 值变化范围在 0.68～0.78，RSME 值变化范围在 0.78～0.85；Horton 模型 R^2 值变化范围在 0.92～0.97，RSME 值变化范围在 0.90～0.95；Philip 模型 R^2 值变化范围在 0.58～0.82，RSME 值变化范围在 0.59～0.69。Horton 模型的 R^2 值和 RSME 值较好，更能反映油蒿群落裸露沙表水分入渗的特征情况。

通过对毛乌素沙地油蒿群落不同覆盖下水分入渗拟合模型的研究可以得出，在生物结皮覆盖下，水分入渗速度递减最快的情况均发生在 25 mm 降雨量条件下，而递减最慢的情况均发生在 2 mm 降雨量条件下；而裸露沙表水分入渗速度递减最快的情况发生在 25 mm 降雨量条件下，递减最慢的情况却发生在 10 mm 降雨量条件下。在三种经验模型中 Horton 模型均能更好地反映油蒿群落中不同覆盖下水分入渗的过程，也更适宜描述该研究区的水分入渗特征。

8.3.1.2　杨柴群落

表 8-4 为毛乌素沙地杨柴群落水分入渗模拟拟合情况。在藻类结皮覆盖下，不同降雨量条件下，Kostiakov 模型参数 m 变化范围在 5.23～6.47，最大值出现在 25 mm 降雨量条件下，最小为 2 mm 降雨量条件下，n 值变化在 0.19～0.28，n 值越大，入渗速度随时间减小得越快，可以看出 25 mm 降雨量条件下入渗速度减小最快，2 mm 降雨量条件下水分入渗速度减小最慢；Horton 模型拟合结果表明，初渗速度 f_0 变化范围在 3.81～18.14 mm/min，稳渗速度 f_c 变化范围在 1.73～5.53 mm/min，k 值的变化范围在 2.09～2.31，反映了入渗速度的递减情况，其中 25 mm 降雨量条件下入渗速度减小最快，2 mm 降雨量条件下水分入渗速度减小最慢；Philip 模型拟合结果表明，s 值变化范围在 5.43～7.89，反映了水分入渗速度的递减情况，其中 2 mm 降雨量条件下最小，25 mm 降雨量条件下最大，a 值的变

表 8-3　毛乌素沙地油蒿群落入渗模型拟合结果

优势群落	生物结皮类型	降雨量/mm	Kostiakov 模型				Horton 模型					Philip 模型			
			m	n	R^2	RSME	f_0	f_c	k	R^2	RSME	s	a	R^2	RSME
油蒿	藻类结皮	2	4.64	0.17	0.57	0.84	4.15	1.98	2.09	0.98	0.96	6.79	0.97	0.45	0.69
		5	4.83	0.19	0.82	0.75	6.34	2.45	2.13	0.89	0.95	6.82	1.04	0.53	0.72
		10	5.79	0.23	0.74	0.76	8.42	3.87	2.45	0.93	0.97	7.12	1.09	0.57	0.78
		15	6.41	0.26	0.77	0.83	12.59	4.79	2.47	0.95	0.98	7.89	1.12	0.63	0.58
		25	6.68	0.28	0.82	0.79	18.48	6.02	2.78	0.91	0.91	8.34	1.16	0.68	0.69
	地衣结皮	2	4.42	0.22	0.65	0.69	3.57	1.53	1.39	0.93	0.93	5.74	0.36	0.54	0.72
		5	4.98	0.26	0.73	0.74	4.22	1.69	2.01	0.91	0.93	6.15	0.97	0.73	0.49
		10	4.47	0.23	0.68	0.82	6.55	2.67	1.69	0.94	0.94	5.76	0.58	0.68	0.69
		15	4.56	0.26	0.72	0.76	8.21	3.80	1.89	0.97	0.93	6.14	0.69	0.64	0.71
		25	5.89	0.27	0.69	0.79	12.43	4.68	2.11	0.94	0.94	6.45	1.06	0.68	0.75
	苔藓结皮	2	4.12	0.19	0.54	0.66	3.12	1.46	1.47	0.88	0.92	5.32	0.45	0.73	0.59
		5	4.16	0.23	0.68	0.75	3.99	1.51	1.79	0.89	0.97	5.42	0.58	0.42	0.58
		10	5.31	0.26	0.82	0.74	5.47	2.47	2.24	0.91	0.96	5.64	0.73	0.53	0.83
		15	4.87	0.25	0.69	0.81	7.45	3.26	1.99	0.93	0.97	5.52	0.68	0.65	0.84
		25	5.72	0.29	0.73	0.85	10.60	4.01	2.41	0.96	0.91	6.14	1.01	0.78	0.88
	裸沙对照组	2	7.43	0.25	0.69	0.78	6.45	1.08	2.21	0.92	0.90	6.76	0.99	0.74	0.59
		5	7.58	0.27	0.68	0.85	8.50	1.23	2.36	0.96	0.94	6.98	1.00	0.75	0.68
		10	6.89	0.23	0.73	0.85	11.34	1.93	2.11	0.97	0.95	6.47	0.96	0.82	0.63
		15	7.98	0.29	0.74	0.81	15.62	2.68	2.52	0.94	0.91	7.32	1.02	0.69	0.69
		25	8.15	0.31	0.78	0.78	23.57	3.37	2.67	0.93	0.93	7.57	1.14	0.58	0.68

表8-4　毛乌素沙地杨柴群落入渗模型拟合结果

优势群落	生物结皮类型	降雨量/mm	Kostiakov 模型				Horton 模型					Philip 模型			
			m	n	R^2	RSME	f_0	f_c	k	R^2	RSME	s	a	R^2	RSME
杨柴	藻类结皮	2	5.23	0.19	0.53	0.84	3.81	1.73	2.09	0.92	0.94	5.43	0.93	0.69	0.83
		5	5.37	0.20	0.57	0.85	6.00	2.25	2.12	0.93	0.91	5.89	0.96	0.63	0.74
		10	5.47	0.25	0.72	0.81	8.08	3.01	2.13	0.86	0.94	6.23	0.99	0.74	0.75
		15	6.01	0.27	0.58	0.78	12.25	3.98	2.27	0.86	0.93	6.94	1.03	0.72	0.63
		25	6.47	0.28	0.63	0.76	18.14	5.53	2.31	0.89	0.95	7.89	1.09	0.58	0.54
	地衣结皮	2	4.79	0.18	0.75	0.69	3.23	1.41	1.74	0.93	0.89	5.41	0.69	0.63	0.73
		5	4.89	0.19	0.82	0.68	3.88	1.49	1.79	0.92	0.88	5.91	0.83	0.71	0.69
		10	5.12	0.21	0.54	0.64	6.21	1.89	1.89	0.97	0.95	5.82	0.85	0.83	0.78
		15	5.22	0.22	0.69	0.75	7.87	2.69	1.97	0.98	0.97	6.46	0.89	0.85	0.68
		25	5.25	0.24	0.76	0.65	12.09	3.41	2.09	0.96	0.95	6.84	0.92	0.74	0.65
	苔藓结皮	2	4.26	0.17	0.77	0.44	2.78	1.37	1.92	0.94	0.94	4.67	1.01	0.77	0.66
		5	4.63	0.18	0.59	0.61	3.65	1.42	1.94	0.95	0.95	5.25	1.04	0.81	0.74
		10	4.70	0.21	0.76	0.57	5.13	1.76	1.97	0.93	0.96	5.15	1.08	0.73	0.63
		15	5.09	0.23	0.66	0.55	7.11	2.58	2.01	0.89	0.96	5.81	1.09	0.75	0.73
		25	5.43	0.29	0.65	0.65	10.26	3.08	2.04	0.87	0.95	6.14	1.13	0.71	0.65
	裸沙对照组	2	5.89	0.26	0.74	0.73	6.11	1.01	1.74	0.88	0.92	4.63	0.83	0.84	0.63
		5	6.15	0.28	0.59	0.85	8.16	1.20	1.76	0.91	0.94	4.68	0.94	0.81	0.71
		10	6.47	0.31	0.81	0.81	11.00	1.49	1.89	0.92	0.89	5.21	0.97	0.74	0.74
		15	6.38	0.28	0.78	0.76	15.28	1.98	1.85	0.95	0.93	4.89	0.91	0.69	0.69
		25	6.52	0.29	0.73	0.77	23.23	2.52	1.86	0.92	0.91	5.13	0.93	0.74	0.72

表 8-5 毛乌素沙地花棒群落入渗模型拟合结果

优势群落	生物结皮类型	降雨量/mm	Kostiakov 模型				Horton 模型					Philip 模型			
			m	n	R^2	RSME	f_0	f_c	k	R^2	RSME	s	a	R^2	RSME
花棒	藻类结皮	2	5.37	0.17	0.76	0.84	3.76	1.69	1.78	0.93	0.94	5.78	0.78	0.69	0.86
		5	5.76	0.19	0.65	0.68	5.95	2.07	1.80	0.89	0.91	5.98	0.88	0.68	0.81
		10	5.88	0.22	0.69	0.77	8.03	2.82	1.96	0.88	0.92	6.01	0.99	0.74	0.65
		15	6.21	0.23	0.60	0.79	12.20	3.58	2.19	0.92	0.96	6.02	1.03	0.73	0.66
		25	6.43	0.27	0.54	0.69	18.09	5.23	2.23	0.87	0.88	6.09	1.08	0.79	0.68
	地衣结皮	2	5.15	0.18	0.55	0.75	3.18	1.37	1.88	0.94	0.87	4.87	0.68	0.84	0.67
		5	5.38	0.19	0.75	0.83	3.83	1.42	1.94	0.91	0.84	5.18	0.71	0.85	0.81
		10	5.42	0.24	0.83	0.79	6.16	1.69	2.04	0.88	0.82	5.25	0.84	0.88	0.74
		15	6.21	0.26	0.81	0.76	7.82	2.24	2.09	0.87	0.88	5.43	1.04	0.75	0.71
		25	6.32	0.27	0.77	0.77	12.04	3.22	2.32	0.96	0.94	5.87	1.11	0.86	0.72
	苔藓结皮	2	4.76	0.18	0.79	0.69	2.73	1.33	1.76	0.95	0.96	4.19	0.49	0.77	0.69
		5	4.99	0.19	0.65	0.76	3.60	1.36	1.87	0.94	0.95	4.47	0.65	0.69	0.76
		10	5.31	0.20	0.55	0.82	5.08	1.51	1.90	0.97	0.91	4.65	0.69	0.69	0.69
		15	5.61	0.21	0.47	0.84	7.06	2.14	1.91	0.99	0.92	4.69	0.85	0.81	0.77
		25	6.31	0.22	0.69	0.75	10.21	2.89	2.03	0.95	0.95	5.02	1.12	0.83	0.73
	裸沙对照组	2	4.57	0.21	0.49	0.91	6.06	1.00	1.79	0.88	0.92	5.37	0.74	0.77	0.83
		5	4.74	0.21	0.70	0.86	8.11	1.04	1.99	0.87	0.89	5.76	0.76	0.88	0.78
		10	5.55	0.22	0.73	0.88	10.95	1.13	2.04	0.91	0.88	6.35	0.79	0.59	0.69
		15	5.61	0.25	0.84	0.85	15.23	1.51	2.16	0.93	0.94	6.43	0.82	0.69	0.72
		25	5.67	0.26	0.68	0.84	23.18	2.24	2.19	0.89	0.93	6.91	0.86	0.70	0.71

化范围在 0.93～1.09，2 mm 降雨量条件下最小，25 mm 降雨量条件下最大。从入渗模型拟合相关系数 R^2 值和 RSME 值的大小可以判断油蒿群落藻类结皮覆盖下水分渗透拟合效果。其中 Kostiakov 模型 R^2 值变化范围在 0.53～0.72，RSME 值变化范围在 0.76～0.85；Horton 模型 R^2 值变化范围在 0.86～0.93，RSME 值变化范围在 0.91～0.95；Philip 模型 R^2 值变化范围在 0.58～0.74，RSME 值变化范围在 0.54～0.83。这表明在藻类结皮覆盖下水分入渗模型中 Horton 模型能够更好地反映油蒿群落中藻类结皮覆盖下水分入渗的过程，也更适用于描述油蒿群落藻类结皮覆盖下水分入渗的特征。

在地衣结皮覆盖下，不同降雨量条件下，Kostiakov 模型参数 m 变化范围在 4.74～5.52，25 mm 降雨量条件下最大，2 mm 降雨量条件下最小，n 值的变化范围在 0.18～0.24，其中 25 mm 降雨量条件下水分入渗速度减小得最快，而 2 mm 降雨量条件下水分入渗速度减小的最慢；Horton 模型中，初渗速度 f_0 变化范围在 3.23～12.09 mm/min，稳渗速度 f_c 变化范围在 1.41～3.41 mm/min，k 值变化的范围为 1.74～2.09，反映了水分入渗速度的递减情况，其中 2 mm 降雨量条件下最小，25 mm 降雨量条件下最大；Philip 模型拟合结果表明，s 值变化范围在 5.41～6.84，其中 2 mm 降雨量条件下水分入渗速度递减最慢，25 mm 降雨量条件下入渗速度递减最快，a 值变化范围在 0.69～0.92，2 mm 降雨量条件下最小，而 25 mm 降雨量条件下最大。从入渗模型拟合相关系数 R^2 值和 RSME 值的大小可以判断油蒿群落地衣结皮覆盖下水分渗透拟合效果。其中 Kostiakov 模型 R^2 值变化范围在 0.54～0.82，RSME 值变化范围在 0.64～0.75；Horton 模型 R^2 值变化范围在 0.92～0.98，RSME 值变化范围在 0.88～0.97；Philip 模型 R^2 值变化范围在 0.63～0.85，RSME 值变化范围在 0.66～0.78。这同样表明在地衣结皮覆盖下水分入渗模型中 Horton 模型能够更好地反映油蒿群落中地衣结皮覆盖下水分入渗的过程，也更适用于描述油蒿群落地衣结皮覆盖下水分入渗的特征。

在苔藓结皮覆盖下，不同降雨量条件下，Kostiakov 模型参数 m 变化范围在 4.26～5.43，25 mm 降雨量条件下最大，2 mm 降雨量条件下最小，n 值的变化范围在 0.17～0.29，其中 25 mm 降雨量条件下水分入渗速度减小的最快，而 2 mm 降雨量条件下水分入渗速度减小的最慢；Horton 模型中，初渗速度 f_0 变化范围在 2.78～10.26 mm/min，稳渗速度 f_c 变化范围在 1.37～3.08 mm/min，k 值的变化范围在 1.92～2.04，其中 2 mm 降雨量条件下水分入渗速度递减最慢，25 mm 降雨量条件下入渗速度递减最快；Philip 模型拟合结果表明，s 值变化范围在 4.67～6.14，其中 2 mm 降雨量条件下水分入渗速度递减最慢，25 mm 降雨量条件下入渗速度递减最快，a 值变化范围在 1.01～1.13，2 mm 降雨量条件下最小，而 25 mm 降雨量条件下最大。验证油蒿群落苔藓结皮覆盖下水分渗透拟合效果可以通过相关系数 R^2 值和 RSME 值的大小来判断。其中 Kostiakov 模型 R^2 值变化范围在 0.59～0.77，RSME 值变化范围在 0.44～0.65；Horton 模型 R^2 值变化范围在 0.87～0.95，RSME 值变化范围在 0.94～0.96；Philip 模型 R^2 值变化范围在 0.71～0.81，RSME 值变化范围在 0.63～0.74。在苔藓结皮覆盖下，Horton 模型能够更好地反映该样地内水分入渗的过程，也更适用于描述水分入渗的特征。

而在裸沙对照组土壤水分入渗模型拟合情况与生物结皮覆盖有所差别，Kostiakov 模型参数 m 变化范围在 5.89～6.47，2 mm 降雨量条件下最小，10 mm 降雨量条件下最大，n 值的变化范围在 0.26～0.31，其中 2 mm 降雨量条件下水分入渗速度递减得最慢，而 10 mm 降雨量条件下入渗速度减小得最快；Horton 模型中，初渗速度 f_0 变化范围在 6.11～23.23 mm/min，稳渗速度 f_c 变化范围在 1.01～

2.52 mm/min，k 值的变化范围在 1.74～1.89，其中 2 mm 降雨量条件下水分入渗速度递减得最慢，而 10 mm 降雨量条件下入渗速度减小得最快；Philip 模型拟合结果表明，s 值变化范围在 4.63～5.21，其中 2 mm 降雨量条件下水分入渗速度递减最慢，10 mm 降雨量条件下入渗速度递减最快，a 值变化范围在 0.83～0.97，2 mm 降雨量条件下最小，而 10 mm 降雨量条件下最大。通过比较相关系数 R^2 值和 RSME 值的大小来验证油蒿群落内裸沙对照组水分入渗的拟合效果，其中 Kostiakov 模型 R^2 值变化范围在 0.59～0.81，RSME 值变化范围在 0.73～0.85；Horton 模型 R^2 值变化范围在 0.88～0.95，RSME 值变化范围在 0.89～0.94；Philip 模型 R^2 值变化范围在 0.69～0.84，RSME 值变化范围在 0.63～0.74。Horton 模型的 R^2 值和 RSME 值较好，更能反映油蒿群落裸露沙表水分入渗的特征情况。

通过对毛乌素沙地杨柴群落不同覆盖下水分入渗拟合模型的研究可以得出，在生物结皮覆盖下，水分入渗速度递减最快的情况均发生在 25 mm 降雨量条件下，而递减最慢的情况均发生在 2 mm 降雨量条件下；而裸露沙表水分入渗速度递减最快的情况发生在 10 mm 降雨量条件下，递减最慢的情况却发生在 2 mm 降雨量条件下。在三种经验模型中 Horton 模型均能更好地反映杨柴群落中不同覆盖下水分入渗的过程，也更适宜描述该研究区的水分入渗特征。

8.3.1.3　花棒群落

表 8-5 为毛乌素沙地花棒群落水分入渗模拟拟合情况。在藻类结皮覆盖下，不同降雨量条件下，Kostiakov 模型参数 m 变化范围在 5.37～6.43，最大值出现在 25 mm 降雨量条件下，最小为 2 mm 降雨量条件下，n 值变化在 0.17～0.27，n 值越大，入渗速度随时间减小得越快，可以看出 25 mm 降雨量条件下入渗速度减小最快，2 mm 降雨量条件下水分入渗速度减小最慢；Horton 模型拟合结果表明，

初渗速度 f_0 变化范围在 3.76～18.09 mm/min，稳渗速度 f_c 变化范围在 1.69～5.23 mm/min，k 值的变化范围在 1.78～2.23，反映了入渗速度的递减情况，其中 25 mm 降雨量条件下入渗速度减小最快，2 mm 降雨量条件下水分入渗速度减小最慢；Philip 模型拟合结果表明，s 值变化范围在 5.78～6.09，反映了水分入渗速度的递减情况，其中 2 mm 降雨量条件下最小，25 mm 降雨量条件下最大，a 值的变化范围在 0.78～1.08，2 mm 降雨量条件下最小，25 mm 降雨量条件下最大。从入渗模型拟合相关系数 R^2 值和 RSME 值的大小可以判断油蒿群落藻类结皮覆盖下水分渗透拟合效果。其中 Kostiakov 模型 R^2 值变化范围在 0.54～0.76，RSME 值变化范围在 0.68～0.84；Horton 模型 R^2 值变化范围在 0.87～0.93，RSME 值变化范围在 0.88～0.96；Philip 模型 R^2 值变化范围在 0.68～0.79，RSME 值变化范围在 0.65～0.86。这表明在藻类结皮覆盖下水分入渗模型中 Horton 模型能够更好地反映油蒿群落中藻类结皮覆盖下水分入渗的过程，也更适用于描述油蒿群落藻类结皮覆盖下水分入渗的特征。

在地衣结皮覆盖下，不同降雨量条件下，Kostiakov 模型参数 m 变化范围在 5.15～6.32，25 mm 降雨量条件下最大，2 mm 降雨量条件下最小，n 值的变化范围在 0.18～0.27，其中 25 mm 降雨量条件下水分入渗速度减小的最快，而 2 mm 降雨量条件下水分入渗速度减小的最慢；Horton 模型中，初渗速度 f_0 变化范围在 3.18～12.04 mm/min，稳渗速度 f_c 变化范围在 1.37～3.22 mm/min，k 值变化的范围为 1.88～2.32，反映了水分入渗速度的递减情况，其中 2 mm 降雨量条件下最小，25 mm 降雨量条件下最大；Philip 模型拟合结果表明，s 值变化范围在 4.87～5.87，其中 2 mm 降雨量条件下水分入渗速度递减最慢，25 mm 降雨量条件下入渗速度递减最快，a 值变化范围在 0.61～1.11，2 mm 降雨量条件下最小，而 25 mm 降雨量条件下最大。从入渗模

型拟合相关系数 R^2 值和RSME值的大小可以判断油蒿群落地衣结皮覆盖下水分渗透拟合效果。其中 Kostiakov 模型 R^2 值变化范围在 0.55～0.83，RSME 值变化范围在 0.75～0.83；Horton 模型 R^2 值变化范围在 0.87～0.96，RSME 值变化范围在 0.82～0.94；Philip 模型 R^2 值变化范围在 0.75～0.88，RSME 值变化范围在 0.67～0.81。这同样表明在地衣结皮覆盖下水分入渗模型中 Horton 模型能够更好地反映油蒿群落中地衣结皮覆盖下水分入渗的过程，也更适用于描述油蒿群落地衣结皮覆盖下水分入渗的特征。

在苔藓结皮覆盖下，不同降雨量条件下，Kostiakov 模型参数 m 变化范围在 4.76～6.31，25 mm 降雨量条件下最大，2 mm 降雨量条件下最小，n 值的变化范围在 0.18～0.22，其中 25 mm 降雨量条件下水分入渗速度减小得最快，而 2 mm 降雨量条件下水分入渗速度减小得最慢；Horton 模型中，初渗速度 f_0 变化范围在 2.73～10.21 mm/min，稳渗速度 f_c 变化范围在 1.33～2.89 mm/min，k 值的变化范围在 1.76～2.03，其中 2 mm 降雨量条件下水分入渗速度递减最慢，25 mm 降雨量条件下入渗速度递减最快；Philip 模型拟合结果表明，s 值变化范围在 4.19～5.02，其中 2 mm 降雨量条件下水分入渗速度递减最慢，25 mm 降雨量条件下入渗速度递减最快，a 值变化范围在 0.49～1.12，2 mm 降雨量条件下最小，而 25 mm 降雨量条件下最大。验证油蒿群落苔藓结皮覆盖下水分渗透拟合效果可以通过相关系数 R^2 值和 RSME 值的大小来判断。其中 Kostiakov 模型 R^2 值变化范围在 0.47～0.79，RSME 值变化范围在 0.69～0.84；Horton 模型 R^2 值变化范围在 0.94～0.99，RSME 值变化范围在 0.91～0.96；Philip 模型 R^2 值变化范围在 0.69～0.83，RSME 值变化范围在 0.69～0.77。在苔藓结皮覆盖下，Horton 模型能够更好地反映该样地内水分入渗的过程，也更适用于描述水分入渗的特征。

而在裸沙对照组土壤水分入渗模型拟合情况与生物结皮覆盖有所差别，Kostiakov 模型参数 m 变化范围在 4.57～5.67，2 mm 降雨量条件下最小，25 mm 降雨量条件下最大，n 值的变化范围在 0.21～0.26，其中 2 mm 降雨量条件下水分入渗速度递减得最慢，而 25 mm 降雨量条件下入渗速度减小得最快；Horton 模型中，初渗速度 f_0 变化范围在 6.06～23.18 mm/min，稳渗速度 f_c 变化范围在 1.00～2.24 mm/min，k 值的变化范围在 1.79～2.19，其中 2 mm 降雨量条件下水分入渗速度递减得最慢，而 25 mm 降雨量条件下入渗速度减小得最快；Philip 模型拟合结果表明，s 值变化范围在 5.27～6.91，其中 2 mm 降雨量条件下水分入渗速度递减最慢，25 mm 降雨量条件下入渗速度递减最快，a 值变化范围在 0.74～0.86，2 mm 降雨量条件下最小，而 25 mm 降雨量条件下最大。通过比较相关系数 R^2 值和 RSME 值的大小来验证油蒿群落内裸沙对照组水分入渗的拟合效果，其中 Kostiakov 模型 R^2 值变化范围在 0.49～0.84，RSME 值变化范围在 0.84～0.91；Horton 模型 R^2 值变化范围在 0.87～0.93，RSME 值变化范围在 0.88～0.94；Philip 模型 R^2 值变化范围在 0.59～0.88，RSME 值变化范围在 0.69～0.83。Horton 模型的 R^2 值和 RSME 值较好，更能反映油蒿群落裸露沙表水分入渗的特征情况。

通过对毛乌素沙地花棒群落不同覆盖下水分入渗拟合模型的研究可以得出，在生物结皮和裸露沙表覆盖下，水分入渗速度递减最快的情况均发生在 25 mm 降雨量条件下，而递减最慢的情况均发生在 2 mm 降雨量条件下。在三种经验模型中 Horton 模型均能更好地反映花棒群落中不同覆盖下水分入渗的过程，也更适宜描述该研究区的水分入渗特征。

综上所述，在毛乌素沙地优势群落中，Horton 模型均能够很好地反映不同覆盖下水分渗透过程特征。其中油蒿和杨柴群落中生物结皮覆盖下水分入渗过程与裸露沙表不同，而花棒群落中生物结皮覆盖下水分渗透过程特征与裸沙对照组相同。

8.3.2 乌兰布和沙漠

8.3.2.1 油蒿群落

对乌兰布和沙漠油蒿群落生物结皮样地入渗实验数据进行拟合，从表 8-6 可知，在藻类结皮覆盖下，不同降雨量条件下，Kostiakov 模型参数 *m* 变化范围在 5.69～6.32，最大值出现在 25 mm 降雨量条件下，最小为 2 mm 降雨量条件下，*n* 值变化在 0.18～0.36，*n* 值越大，入渗速度随时间减小得越快，可以看出 25 mm 降雨量条件下入渗速度减小最快，2 mm 降雨量条件下水分入渗速度减小最慢；Horton 模型拟合结果表明，初渗速度 f_0 变化范围在 4.44～18.77 mm/min，稳渗速度 f_c 变化范围在 2.02～6.13 mm/min，*k* 值的变化范围在 1.95～2.34，反映了入渗速度的递减情况；Philip 模型拟合结果表明，*s* 值变化范围在 5.69～6.78，反映了水分入渗速度的递减情况，其中 2 mm 降雨量条件下最小，25 mm 降雨量条件下最大，*a* 值的变化范围在 0.69～1.05，2 mm 降雨量条件下最小，25 mm 降雨量条件下最大。从入渗模型拟合相关系数 R^2 值和 RSME 值的大小可以判断油蒿群落藻类结皮覆盖下水分渗透拟合效果。其中 Kostiakov 模型 R^2 值变化范围在 0.48～0.65，RSME 值变化范围在 0.65～0.84；Horton 模型 R^2 值变化范围在 0.92～0.98，RSME 值变化范围在 0.88～0.95；Philip 模型 R^2 值变化范围在 0.69～0.84，RSME 值变化范围在 0.69～0.84。这表明在藻类结皮覆盖下水分入渗模型中 Horton 模型能够更好地反映油蒿群落中藻类结皮覆盖下水分入渗的过程，也更适用于描述油蒿群落藻类结皮覆盖下水分入渗的特征。

在地衣结皮覆盖下，不同降雨量条件下，Kostiakov 模型参数 *m*

变化范围在 5.36～6.43，25 mm 降雨量条件下最大，2 mm 降雨量条件下最小，n 值的变化范围在 0.19～0.24，其中 25 mm 降雨量条件下水分入渗速度减小得最快，而 2 mm 降雨量条件下水分入渗速度减小得最慢；Horton 模型中，初渗速度 f_0 变化范围在 3.86～12.72 mm/min，稳渗速度 f_c 变化范围在 1.67～4.85 mm/min，k 值变化的范围为 1.87～2.22，反映了水分入渗速度的递减情况，其中 2 mm 降雨量条件下最小，25 mm 降雨量条件下最大；Philip 模型拟合结果表明，s 值变化范围在 4.97～6.25，其中 2 mm 降雨量条件下水分入渗速度递减最慢，25 mm 降雨量条件下入渗速度递减最快，a 值变化范围在 0.82～1.01，2 mm 降雨量条件下最小，而 25 mm 降雨量条件下最大。从入渗模型拟合相关系数 R^2 值和 RSME 值的大小可以判断油蒿群落地衣结皮覆盖下水分渗透拟合效果。其中 Kostiakov 模型 R^2 值变化范围在 0.59～0.74，RSME 值变化范围在 0.65～0.72；Horton 模型 R^2 值变化范围在 0.84～0.97，RSME 值变化范围在 0.91～0.95；Philip 模型 R^2 值变化范围在 0.54～0.79，RSME 值变化范围在 0.65～0.79。这同样表明在地衣结皮覆盖下水分入渗模型中 Horton 模型能够更好地反映油蒿群落中地衣结皮覆盖下水分入渗的过程，也更适用于描述油蒿群落地衣结皮覆盖下水分入渗的特征。

在苔藓结皮覆盖下，不同降雨量条件下，Kostiakov 模型参数 m 变化范围在 4.59～6.13，25 mm 降雨量条件下最大，2 mm 降雨量条件下最小，n 值的变化范围在 0.21～0.26，其中 25 mm 降雨量条件下水分入渗速度减小的最快，而 2 mm 降雨量条件下水分入渗速度减小的最慢；Horton 模型中，初渗速度 f_0 变化范围在 3.41～10.89 mm/min，稳渗速度 f_c 变化范围在 1.56～4.32 mm/min，k 值的变化范围在 1.83～2.26，其中 2 mm 降雨量条件下水分入渗速度递减最慢，25 mm 降雨量条件下入渗速度递减最快；Philip 模型拟合结果表明，s 值变化范围在 4.27～5.37，其中 2 mm 降雨量条件下水分入渗速度递减最慢，25 mm 降雨量条件下入渗速度递减最快，a 值变化范围在 0.81～1.21，2 mm 降雨量条件下最小，而 25 mm 降雨量条件下最大。验证油蒿群落苔藓结皮覆盖下水分渗透拟合效果可以通过相关系数 R^2 值和 RSME 值的大小来判断。其中 Kostiakov 模型 R^2 值变化范围在 0.67～0.81，RSME 值变化范围在 0.67～0.79；Horton 模型 R^2 值变化范围在 0.90～0.97，RSME 值变化范围在 0.89～0.96；Philip 模型 R^2 值变化范围在 0.67～0.87，RSME 值变化范围在 0.77～0.82。在苔藓结皮覆盖下，Horton 模型能够更好地反映该样地内水分入渗的过程，也更适用于描述水分入渗的特征。

而在裸沙对照组土壤水分入渗模型拟合情况与生物结皮覆盖有所差别，Kostiakov 模型参数 m 变化范围在 5.99～6.73，2 mm 降雨量条件下最小，25 mm 降雨量条件下最大，n 值的变化范围在 0.19～0.27，其中 2 mm 降雨量条件下水分入渗速度递减得最慢，而 25 mm 降雨量条件下入渗速度减小得最快；Horton 模型中，初渗速度 f_0 变化范围在 6.74～23.86 mm/min，稳渗速度 f_c 变化范围在 1.23～3.61 mm/min，k 值的变化范围在 1.97～2.24，其中 2 mm 降雨量条件下水分入渗速度递减得最慢，而 25 mm 降雨量条件下入渗速度减小得最快；Philip 模型拟合结果表明，s 值变化范围在 4.37～5.39，其中 2 mm 降雨量条件下水分入渗速度递减最慢，25 mm 降雨量条件下入渗速度递减最快，a 值变化范围在 0.59～0.99，2 mm 降雨量条件下最小，而 25 mm 降雨量条件下最大。通过比较相关系数 R^2 值和 RSME 值的大小来验证油蒿群落内裸沙对照组水分入渗的拟合效果，其中 Kostiakov 模型 R^2 值变化范围在 0.66～0.82，RSME 值变化范围在 0.57～0.84；Horton 模型 R^2 值变化范围在 0.87～0.97，RSME 值变化范围在 0.85～0.99；Philip 模型 R^2 值变化范围在 0.65～0.85，

RSME 值变化范围在 0.69～0.90。Horton 模型的 R^2 值和 RSME 值较好，更能反映油蒿群落裸露沙表水分入渗的特征情况。

通过对毛乌素沙地油蒿群落不同覆盖下水分入渗拟合模型的研究可以得出，在生物结皮和裸露沙表覆盖下，水分入渗速度递减最快的情况均发生在 25 mm 降雨量条件下，而递减最慢的情况均发生在 2 mm 降雨量条件下。在三种经验模型中 Horton 模型均能更好地反映油蒿群落中不同覆盖下水分入渗的过程，也更适宜描述该研究区的水分入渗特征。

8.3.2.2 柽柳群落

表 8-7 为乌兰布和沙漠柽柳群落水分入渗模拟拟合情况。在藻类结皮覆盖下，不同降雨量条件下，Kostiakov 模型参数 m 变化范围在 5.05～6.11，最大值出现在 25 mm 降雨量条件下，最小为 2 mm 降雨量条件下，n 值变化在 0.16～0.26，n 值越大，入渗速度随时间减小得越快，可以看出 25 mm 降雨量条件下入渗速度减小最快，2 mm 降雨量条件下水分入渗速度减小最慢；Horton 模型拟合结果表明，初渗速度 f_0 变化范围在 3.82～18.16 mm/min，稳渗速度 f_c 变化范围在 1.71～5.34 mm/min，k 值的变化范围在 1.89～2.23，反映了入渗速度的递减情况，其中 25 mm 降雨量条件下入渗速度减小最快，2 mm 降雨量条件下水分入渗速度减小最慢；Philip 模型拟合结果表明，s 值变化范围在 5.29～6.17，反映了水分入渗速度的递减情况，其中 2 mm 降雨量条件下最小，25 mm 降雨量条件下最大，a 值的变化范围在 1.09～1.21，2 mm 降雨量条件下最小，25 mm 降雨量条件下最大。从入渗模型拟合相关系数 R^2 值和 RSME 值的大小可以判断油蒿群落藻类结皮覆盖下水分渗透拟合效果。其中 Kostiakov 模型 R^2 值变化范围在 0.54～0.67，RSME 值变化范围在 0.65～0.77；Horton 模型 R^2 值变化范围在 0.91～0.98，RSME 值变化范围在 0.94～0.97；

表 8-6 乌兰布和沙漠油蒿群落入渗模型拟合结果

优势群落	生物结皮类型	降雨量/mm	Kostiakov 模型				Horton 模型					Philip 模型			
			m	n	R^2	RSME	f_0	f_c	k	R^2	RSME	s	a	R^2	RSME
油蒿	藻类结皮	2	5.69	0.18	0.55	0.84	4.44	2.02	1.95	0.95	0.94	5.69	0.69	0.78	0.84
		5	5.87	0.23	0.48	0.76	6.63	2.57	1.98	0.95	0.95	5.86	0.87	0.69	0.82
		10	6.09	0.27	0.54	0.73	8.71	3.99	2.13	0.94	0.93	6.13	0.98	0.84	0.76
		15	6.14	0.28	0.49	0.65	12.88	4.84	2.15	0.92	0.89	6.63	1.04	0.81	0.72
		25	6.32	0.36	0.65	0.79	18.77	6.13	2.34	0.98	0.88	6.78	1.05	0.83	0.69
	地衣结皮	2	5.36	0.19	0.61	0.69	3.86	1.67	1.87	0.88	0.91	4.97	0.82	0.79	0.68
		5	5.66	0.22	0.74	0.68	4.51	1.82	1.88	0.84	0.92	5.22	0.93	0.68	0.65
		10	5.69	0.27	0.59	0.65	6.84	2.89	2.18	0.93	0.95	5.32	0.98	0.54	0.79
		15	6.03	0.21	0.73	0.70	8.50	3.89	2.21	0.97	0.95	5.81	1.00	0.69	0.65
		25	6.43	0.24	0.65	0.72	12.72	4.86	2.22	0.92	0.93	6.25	1.01	0.66	0.69
	苔藓结皮	2	4.59	0.21	0.67	0.76	3.41	1.56	1.83	0.97	0.96	4.27	0.81	0.87	0.77
		5	5.15	0.23	0.75	0.79	4.28	1.68	1.89	0.90	0.96	4.56	0.85	0.84	0.78
		10	5.26	0.24	0.81	0.79	5.76	2.75	1.95	0.95	0.92	5.17	1.04	0.67	0.79
		15	5.46	0.25	0.70	0.67	7.74	3.32	2.01	0.91	0.94	5.31	1.11	0.84	0.81
		25	6.13	0.26	0.73	0.76	10.89	4.32	2.26	0.92	0.89	5.37	1.21	0.75	0.82
	裸沙对照组	2	5.99	0.18	0.68	0.84	6.74	1.23	1.97	0.88	0.87	4.37	0.59	0.79	0.79
		5	6.07	0.19	0.66	0.76	8.79	1.41	1.99	0.87	0.85	5.11	0.76	0.74	0.80
		10	6.30	0.22	0.77	0.66	11.63	2.09	2.09	0.95	0.96	5.21	0.83	0.75	0.78
		15	6.54	0.24	0.79	0.74	15.91	2.87	2.15	0.91	0.99	5.26	0.92	0.85	0.69
		25	6.73	0.27	0.82	0.57	23.86	3.61	2.24	0.97	0.94	5.39	0.99	0.65	0.90

表 8-7 乌兰布和沙漠柽柳群落入渗模型拟合结果

优势群落	生物结皮类型	降雨量/mm	Kostiakov 模型				Horton 模型					Philip 模型			
			m	n	R^2	RSME	f_0	f_c	k	R^2	RSME	s	a	R^2	RSME
柽柳	藻类结皮	2	5.05	0.16	0.58	0.76	3.82	1.71	1.89	0.95	0.97	5.29	1.09	0.84	0.77
		5	5.22	0.18	0.67	0.77	6.02	2.24	1.98	0.95	0.94	5.85	1.11	0.79	0.74
		10	5.46	0.24	0.54	0.69	8.10	2.95	2.11	0.94	0.95	5.94	1.16	0.8	0.67
		15	5.71	0.26	0.57	0.65	12.27	3.65	2.14	0.98	0.94	6.09	1.16	0.49	0.78
		25	6.11	0.26	0.61	0.73	18.16	5.34	2.23	0.91	0.94	6.17	1.21	0.65	0.79
	地衣结皮	2	4.69	0.22	0.72	0.59	3.35	1.37	1.83	0.88	0.91	4.69	0.99	0.74	0.73
		5	4.76	0.23	0.61	0.58	3.90	1.45	1.86	0.90	0.92	4.78	1.00	0.66	0.75
		10	5.01	0.23	0.66	0.62	6.23	1.81	1.97	0.98	0.92	4.8	1.02	0.65	0.8
		15	5.04	0.25	0.69	0.69	7.89	2.45	2.03	0.92	0.88	5.09	1.04	0.71	0.85
		25	5.05	0.25	0.74	0.59	12.11	3.10	2.22	0.94	0.89	5.24	1.08	0.74	0.76
	苔藓结皮	2	4.06	0.16	0.77	0.73	3.04	1.35	1.92	0.88	0.91	4.05	0.88	0.65	0.84
		5	4.12	0.16	0.80	0.84	3.67	1.37	1.94	0.89	0.92	4.07	0.89	0.59	0.71
		10	4.25	0.19	0.67	0.76	5.15	1.63	2.01	0.91	0.94	4.43	0.94	0.49	0.67
		15	4.60	0.20	0.71	0.59	7.13	2.35	2.03	0.93	0.94	4.90	0.94	0.64	0.69
		25	4.76	0.21	0.77	0.65	10.28	2.91	2.12	0.94	0.92	5.01	0.95	0.65	0.69
	裸沙对照组	2	5.67	0.2	0.74	0.74	6.43	1.00	1.85	0.95	0.91	5.88	0.9	0.66	0.87
		5	5.78	0.23	0.82	0.60	8.18	1.14	1.95	0.85	0.89	6.23	0.9	0.72	0.76
		10	5.94	0.26	0.79	0.55	11.02	1.33	2.04	0.86	0.9	6.27	0.91	0.78	0.87
		15	6.01	0.29	0.76	0.80	15.30	1.67	2.11	0.92	0.92	6.30	0.92	0.81	0.81
		25	6.12	0.31	0.79	0.77	23.25	2.25	2.36	0.94	0.91	6.32	0.94	0.80	0.82

Philip 模型 R^2 值变化范围在 0.49～0.84，RSME 值变化范围在 0.67～0.79。这表明在藻类结皮覆盖下水分入渗模型中 Horton 模型能够更好地反映柽柳群落中藻类结皮覆盖下水分入渗的过程，也更适用于描述柽柳群落藻类结皮覆盖下水分入渗的特征。

在地衣结皮覆盖下，不同降雨量条件下，Kostiakov 模型参数 m 变化范围在 4.69～5.05，25 mm 降雨量条件下最大，2 mm 降雨量条件下最小，n 值的变化范围在 0.22～0.25，其中 25 mm 降雨量条件下水分入渗速度减小的最快，而 2 mm 降雨量条件下水分入渗速度减小的最慢；Horton 模型中，初渗速度 f_0 变化范围在 3.35～12.11 mm/min，稳渗速度 f_c 变化范围在 1.37～2.45 mm/min，k 值变化的范围为 1.83～2.22，反映了水分入渗速度的递减情况，其中 2 mm 降雨量条件下最小，25 mm 降雨量条件下最大；Philip 模型拟合结果表明，s 值变化范围在 4.69～5.24，其中 2 mm 降雨量条件下水分入渗速度递减最慢，25 mm 降雨量条件下入渗速度递减最快，a 值变化范围在 0.99～1.08，2 mm 降雨量条件下最小，而 25 mm 降雨量条件下最大。从入渗模型拟合相关系数 R^2 值和 RSME 值的大小可以判断油蒿群落地衣结皮覆盖下水分渗透拟合效果。其中 Kostiakov 模型 R^2 值变化范围在 0.61～0.74，RSME 值变化范围在 0.58～0.69；Horton 模型 R^2 值变化范围在 0.88～0.98，RSME 值变化范围在 0.88～0.92；Philip 模型 R^2 值变化范围在 0.65～0.74，RSME 值变化范围在 0.73～0.85。这同样表明在地衣结皮覆盖下水分入渗模型中 Horton 模型能够更好地反映柽柳群落中地衣结皮覆盖下水分入渗的过程，也更适用于描述柽柳群落地衣结皮覆盖下水分入渗的特征。

在苔藓结皮覆盖下，不同降雨量条件下，Kostiakov 模型参数 m 变化范围在 4.06～4.76，25 mm 降雨量条件下最大，2 mm 降雨量条件下最小，n 值的变化范围在 0.16～0.21，其中 25 mm 降雨量条件下水分入渗速度减小的最快，而 2 mm 降雨量条件下水分入渗速度减小得最慢；Horton 模型中，初渗速度 f_0 变化范围在 3.04～10.28 mm/min，稳渗速度 f_c 变化范围在 1.35～2.91 mm/min，k 值的变化范围在 1.92～2.12，其中 2 mm 降雨量条件下水分入渗速度递减最慢，25 mm 降雨量条件下入渗速度递减最快；Philip 模型拟合结果表明，s 值变化范围在 4.05～5.01，其中 2 mm 降雨量条件下水分入渗速度递减最慢，25 mm 降雨量条件下入渗速度递减最快，a 值变化范围在 0.88～0.95，2 mm 降雨量条件下最小，而 25 mm 降雨量条件下最大。验证油蒿群落苔藓结皮覆盖下水分渗透拟合效果可以通过相关系数 R^2 值和 RSME 值的大小来判断。其中 Kostiakov 模型 R^2 值变化范围在 0.77～0.80，RSME 值变化范围在 0.59～0.84；Horton 模型 R^2 值变化范围在 0.88～0.94，RSME 值变化范围在 0.91～0.94；Philip 模型 R^2 值变化范围在 0.49～0.65，RSME 值变化范围在 0.67～0.84。在苔藓结皮覆盖下，Horton 模型能够更好地反映该样地内水分入渗的过程，也更适用于描述水分入渗的特征。

而在裸沙对照组土壤水分入渗模型拟合情况同样与生物结皮覆盖有所差别，Kostiakov 模型参数 m 变化范围在 5.67～6.12，2 mm 降雨量条件下最小，25 mm 降雨量条件下最大，n 值的变化范围在 0.20～0.31，其中 2 mm 降雨量条件下水分入渗速度递减得最慢，而 25 mm 降雨量条件下入渗速度减小得最快；Horton 模型中，初渗速度 f_0 变化范围在 6.43～23.25 mm/min，稳渗速度 f_c 变化范围在 1.00～2.25 mm/min，k 值的变化范围在 1.85～2.36，其中 2 mm 降雨量条件下水分入渗速度递减得最慢，而 25 mm 降雨量条件下入渗速度减小得最快；Philip 模型拟合结果表明，s 值变化范围在 5.88～6.32，其中 2 mm 降雨量条件下水分入渗速度递减最慢，25 mm 降雨量条件下入渗速度递减最快，a 值变化范围在 0.90～0.94，2 mm 降雨量条件下最小，而 25 mm 降雨量条件下最大。通过比较相关系数 R^2 值和 RSME 值的大小来验证油蒿群落内裸沙对照组水分入渗的拟合效果，其中 Kostiakov 模型 R^2 值变化范围在 0.74～0.82，RSME 值变化范围在 0.55～0.80；Horton 模型 R^2 值变化范围在 0.85～0.95，RSME 值变化范围在 0.89～0.92；Philip 模型 R^2 值变化范围在 0.66～0.81，RSME 值变化范围在 0.76～0.87。Horton 模型的 R^2 值和 RSME 值较好，更能反映柽柳群落裸露沙表水分入渗的特征情况。

通过对乌兰布和沙漠柽柳群落不同覆盖下水分入渗拟合模型的研究可以得出，在生物结皮和裸露沙表覆盖下，水分入渗速度递减最快的情况均发生在 25 mm 降雨量条件下，而递减最慢的情况均发生在 2 mm 降雨量条件下。在三种经验模型中 Horton 模型均能更好地反映柽柳群落中不同覆盖下水分入渗的过程，也更适宜描述该研究区的水分入渗特征。

综上所述，在乌兰布和沙漠优势群落中，Horton 模型均能够很好地反映不同覆盖下水分渗透过程特征。其中油蒿和柽柳群落中生物结皮覆盖下水分入渗过程均与裸露沙表表现出相同的变化趋势。

比较两种荒漠生态系统中油蒿群落内水分渗透模型拟合情况，我们可以得出：在毛乌素沙地和乌兰布和沙漠中，三种经验模型中 Horton 模型比 Kostiakov 模型和 Philip 模型更适合表现两个地区水分入渗的过程特征。通过对 Horton 模型中的 k 值进行比较，可以得出，在毛乌素沙地中，所有覆盖下 k 值的变化范围在 1.39～2.78，而在乌兰布和沙漠中，所有覆盖下 k 值的变化范围在 1.83～2.34，k 值能够反映水分渗透速度减小的快慢，乌兰布和沙漠中的水分渗透速度变化范围明显毛乌素沙地的小，即乌兰布和沙漠油蒿群落内水分渗透速度的变化幅度没有毛乌素沙地那么剧烈。在上一节的研究中，我们已经知道了，毛乌素沙地油蒿群落内的水分初渗速度和稳渗速度均小于乌兰布和沙漠，这与研究区样地内的生物结皮厚度、容重和自然含水量情况有直接的关系。那么，结合这一节的研究结果，可以得出，毛乌素沙地油蒿群落内地表面对降雨事件时，由于生物结皮厚度较大，持水量较大，容重较低，水分入渗特征变化幅度较大，这样也直接影响到群落内油蒿植被对水分的利用情况，而乌兰布和沙漠油蒿群落地表对水分的入渗速度相对稳定。

8.4 讨论

入渗是指水分进入土壤形成土壤水的过程，它是降水、地面水、土壤水和地下水相互转化的一个重要环节（赵西宁和吴发启，2004）。在生物结皮对水分的入渗影响上出现不同的声音，即积极作用、消极作用和无作用三种。本书对不同荒漠生态系统中不同优势群落生物结皮和裸沙对照组的含水量变化，可以得出生物结皮具有明显的阻挡水分渗透的能力。伴随着降雨事件的发生，湿润锋的位置和推进速度能够很好地反映出在不同土壤界质中的水分运动特征（李守中等，2005）。在生物结皮发育时间序列上（藻类结皮—地衣结皮—苔藓结皮），湿润锋呈规律性降低（李守中等，2005）。同样证明生物结皮具有阻挡水分渗透的作用。随着生物结皮的演替发育，厚度不断增大，饱和持水量不断增加，有效地提高了其对降水的拦截能力（李守中等，2002；李守中，2005）。在一般情况下，5 mm 以下的降水很难渗透生物结皮层，15 mm 以下的降水多数被生物结皮和地表草本、微生物所吸收（肖洪浪等，2003b）。在本书中，生物结皮阻挡水分渗透的能力表现为：苔藓结皮＞地衣结皮＞藻类结皮。

沉降过程给地表土壤带来机械组成的巨大变化，粉粒的含量迅速增大的同时，生物结皮能够将大量的地表水保持在土层浅处（肖洪浪等，2003a），主要被浅根性的草本和灌木吸收利用，其中很大部分的水分会蒸发回到大气中去。由于荒漠化地区较少的降雨量，地表很容易形成干旱层，水分难以到达土层更深的区域，使深根性的植被很难存活下来，这样就使浅根性的草本和小型灌木成为受益者，但是缺少深根性植被的保护，地表有可能遭受风蚀的影响，加剧干旱层发展的同时，有可能带来其他的侵蚀形式（肖洪浪等，2003b）。但是在磴口研究区内，地下水条件很好，柽柳这样深根性的小乔木，不受当地降雨量稀少的条件影响，能够通过根系吸收到地下水位的水分。在盐池生态站样地内，杨柴和花棒植被处于演替的末端，其群落内生物结皮厚度较大，容重也较大，这样就造成了较强的阻挡水分的能力，使群落的水分条件越来越差，最后直接导致群落的衰退。

不同降雨量下，生物结皮厚度、湿润锋和阻挡水分渗透能力均呈线性关系。随着生物结皮厚度的增大，湿润锋减小，阻挡水分渗透能力增强。生物结皮的厚度越大，阻挡水分渗透的能力越强，湿润锋越小，土壤水分浅层化现象明显增多（张克斌等，2008；徐敬华等，2008；Issa et al.，2009）。由于生物结皮组成成分相对裸沙表面更加密实，降水到达地表时显著降低了渗透的速率，同时湿润锋也明显减小，导致降水浅层化不利于深根系植被的生长（崔燕等，2004）。在干旱、半干旱地区，随着沙丘的固定，生物结皮的形成是生态环境转变的重要标志。生物结皮不断的生长发育，厚度逐渐增大，阻挡水分渗透的能力增大，湿润锋减小。这样导致降雨中大部分水分被生物结皮所吸收，深层土壤中植被根系得不到足够的水分补给，不利于荒漠化地区植被演替和生态环境的恢复。可以采取适当打破生物结皮结构的方法，增大生物结皮之间的空间，使降水能够快速地向下层沙土渗透，改变生物结皮与荒漠化地区沙生灌木之间的竞争关系（李柏等，2011）。对水分入渗模型进行拟合结果可以得出，在黄土高原地区的样地内，Horton 模型均能更好地表现六种不同立地条件（无生物结皮、生物结皮、长芒草、长芒草和生物结皮、柠条、柠条和生物结皮）水分入渗速度的特征（张侃侃等，2011）。而对黄土地表藻类结皮水分渗透模型拟合的研究结果表明，不同结皮厚度（7～12 mm、3～7 mm 和 0.5～3 mm）覆盖下水分渗透速度特征也可以通过 Horton 模型进行更好地描述（王翠萍，2009）。

8.5 小结

（1）对不同荒漠生态系统生物结皮及下层沙土含水量的变化特征的研究结果表明：①在不同覆盖条件下，生物结皮能够有效地阻挡水分向下层沙土的渗透能力，裸沙对照组则没有表现出这样的能力。②不同降雨量下生物结皮对水分渗透能力的影响表明：在相同荒漠生态系统相同群落内，相同生物结皮随着降雨量的增大，其阻挡水分的能力呈下降的趋势。在相同降雨量下，生物结皮阻挡水分的能力表现为：苔藓结皮＞地衣结皮＞藻类结皮。因为苔藓结皮的厚度更大，容重更大，自然含水量也更大，这样使结皮孔隙度降低，阻挡水分渗透的能力在逐渐增大。③不同冠层下生物结皮对水分渗透作用的影响表明：在毛乌素沙地，在相同种类生物结皮相同降雨量的条件下，荒漠化地区植物群落的生物结皮阻挡水分渗透的能力表现为：花棒群落＞杨柴群落＞油蒿群落。而在乌兰布和沙漠，生物结皮阻挡水分渗透的能力大小关系为：柽柳群落＞油蒿群落。而且毛乌素沙地油蒿植被下生物结皮阻挡水分渗透的能力比乌兰布和沙漠强。

（2）对不同荒漠生态系统土壤湿润锋的变化特征的研究结果表明：①在不同覆盖条件下，生物结皮覆盖下湿润锋大小和初渗速度明显小于裸沙对照组，而生物结皮覆盖下湿润锋稳渗速度明显大于裸沙对照组。②在不同降雨量条件下，所有覆盖下，随着降雨量的增加，湿润锋在逐渐增加，并且湿润锋的初渗和稳渗速度均优速增加。在相同降雨量条件下，随着生物结皮的发育，湿润锋的大小和推进速度均有所减小。③在不同冠层条件下，在毛乌素沙地，生物结皮覆盖下湿润锋的大小和推进速度均表现为：油蒿群落＞杨柴群落＞花棒群落；而在乌兰布和沙漠，生物结皮覆盖下湿润锋的大小和推进速度均表现为：油蒿群落＞柽柳群落。毛乌素沙地湿润锋的大小和推进速度均小于乌兰布和沙漠。

（3）对不同荒漠生态系统土壤水分入渗特征进行拟合研究的结果表明：Horton 模型能更好地表现两种荒漠化地区的土壤水分入渗的过程，并且能够更好地描述研究区的水分入渗速度的特征。

第9章　不同荒漠生态系统生物结皮对水分蒸发的影响

9.1　不同覆被下土壤水分逐日蒸发损失量

9.1.1　毛乌素沙地

由图9-1可知，在2 mm降水量条件下，藻类、地衣和苔藓结皮覆盖土样的蒸发过程明显不同于裸沙对照组。在蒸发的第1天，三种生物结皮的蒸发损失的水量均显著小于裸露的沙土对照组（$p<0.05$）。而从蒸发第2天开始，出现明显拐点，所有覆盖下蒸发损失水量均急剧下降的同时，而裸沙对照组的蒸发损失水量明显小于生物结皮覆盖。从蒸发的第3天开始，所有覆盖下的蒸发损失水量都为0。从第4天开始，生物结皮开始从空气中吸收水分，苔藓结皮覆盖下吸收水量明显高于其他三组。说明2 mm降雨量条件下，生物结皮和裸沙对照组同一天形成干燥层，而蒸发首日，生物结皮由于水分的滞留，造成损失水量的增加，裸沙对照组中水分较快下渗，损失较小。从蒸发第4天开始，所有覆盖开始吸收水分，而苔藓结皮由于本身生物成分含量较高，吸水能力更强，较少降水不能形成有效的水分下渗，使水分较为快速地蒸发到空气中。

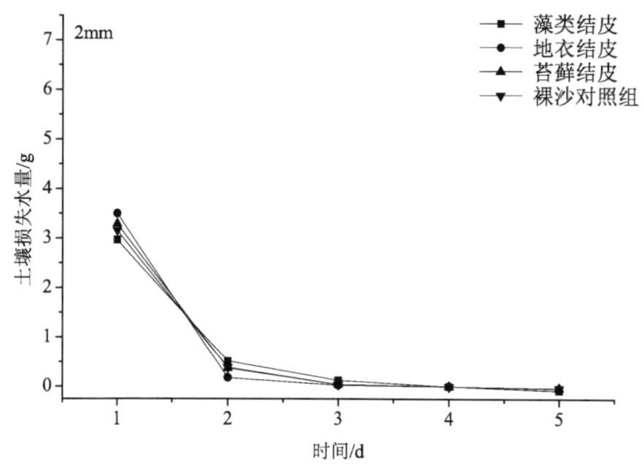

图 9-1　模拟 2 mm 降雨生物结皮土壤损失水量

从 2 mm 降雨量逐日损失水量的变化来看，在蒸发第 2 天出现明显的拐点，蒸发损失水量明显减小，所有覆盖下表层均出现干旱层。通过每日的蒸发进程来看，在蒸发实验的第 1 天，裸沙对照组损失水量为 2.77 g，占总损失水量的 96.75%；而苔藓结皮覆盖下蒸发损失水量为 1.5 g，占总损失水量的 93.17%；地衣结皮覆盖下蒸发损失水量为 2.03 g，占总损失水量的 93.10%；藻类结皮覆盖下蒸发损失水量为 1.99 g，占总损失水量的 91.28%。第 3 天开始所有覆盖下水分都不再损失，从第 4 天开始吸收大气中的水分。降雨量较少的情况下，水分大多被生物结皮保持在地表的浅层土层中，多数水分被生物结皮自身吸收，只有少量浅根系的草本能够得到一定量的水分补给。

在 5 mm 降水量条件下，不同的覆盖方式之间表现不尽相同。在裸沙对照组覆盖下，第 1 天蒸发损失的水量明显高于苔藓结皮覆盖下。而从蒸发第 2 天开始，所有覆盖下蒸发损失水量都急剧下降，而苔藓结皮覆盖下蒸发损失水量明显高于其他三组。随着蒸发进程的延长（从第 3 天开始），裸沙对照组形成了干燥沙层（形成时间为蒸发第 2 天），但是苔藓结皮覆盖下蒸发损失水量均高于其他三组。到第 4 天，所有覆盖下的蒸发损失水量都为 0，从第 5 天开始，开始从空气中吸收水分，而且苔藓结皮覆盖下吸收水量明显高于其他三组。说明在较低降水（5 mm）条件下，干燥沙层相对于地衣和藻类结皮覆盖下沙层有利于蒸发损失水量，而苔藓结皮由于本身具有较强的吸水能力，较低降水不能很好地渗入沙层中，水分大部分存储在生物结皮中，增强阻水能力的同时，阻隔了水分的下渗。

如图 9-2 所示，从 5 mm 降雨逐日损失水量的变化分析，在蒸发第 2 天出现蒸发损失水量的明显拐点，从第 2 天开始生物结皮和裸沙对照组覆盖下蒸发损失水量明显减少。在蒸发过程的前 2 天，裸沙对照组损失水量为 3.53 g，占总损失水量的 99.86%；而苔藓结皮覆盖下蒸发损失水量为 3.47 g，占总损失水量的 99.86%；地衣结皮覆盖下蒸发损失水量为 3.67 g，占总损失水量的 100.41%；藻类结皮覆盖下蒸发损失水量为 3.65 g，占总损失水量的 99.86%。通过观察蒸发实验后 2 天损失水量情况来看，裸沙累计损失水量为 0.005 g，占总损失水量的 0.14%；而苔藓结皮覆盖下蒸发累计损失水量为 0.04 g，占总损失水量的 1.14%；地衣结皮覆盖下蒸发累计损失水量为−0.015 g，占总损失水量的−0.41%；藻类结皮覆盖下蒸发累计损失水量为 0.005 g，占总损失水量的 0.14%。同样说明较少降雨使土壤水分浅层化，水分多集中在生物结皮中，下层沙土和植被根系还没有利用水分之前，水分就已经蒸发掉了。

降雨量较少（2 mm、5 mm）的情况下，水分很难作用到生物结皮下层沙土中。一般情况下，小于 5 mm 的降雨量很难穿透生物结皮层（肖洪浪等，2003）。在较少降雨量的条件下，生物结皮对水分蒸发起到促进的作用。

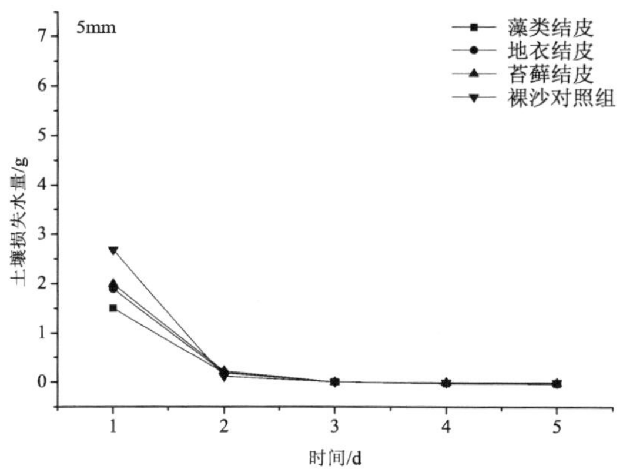

图 9-2　模拟 5 mm 降雨生物结皮土壤损失水量

如图 9-3 所示，在 10 mm 降雨量条件下，在蒸发实验第 2 天前后表现出不同的变化规律。蒸发第 1 天，各种覆盖下蒸发损失水量均较大，裸沙对照组损失水量低于生物结皮层覆盖。从第 2 天开始，蒸发损失水量出现一个快速的下降，裸沙对照组损失水量则高于其他生物结皮层覆盖。到了蒸发第 5 天，生物结皮层覆盖损失水量又明显高于裸沙对照组覆盖。

从 10 mm 降雨量损失水量逐日变化来看，在蒸发实验的前 1～2 天，裸沙对照组损失水量为 6.395 g，占总损失水量的 88.15%；而苔藓结皮覆盖下蒸发损失水量为 6.875 g，占总损失水量的 96.02%；地衣结皮覆盖下蒸发损失水量为 6.795 g，占总损失水量的 94.24%；藻类结皮覆盖下蒸发损失水量为 6.39 g，占总损失水量的 88.44%。通过上面的分析可以得出结论，在 10 mm 降雨量下，只有藻类结皮能够阻挡水分的蒸发进程，而地衣和苔藓结皮促进了水分的蒸发进程。同时说明，随着降雨的增大，水分入渗生物结皮下层沙土中的水分增加，前几天的蒸发量较较低降雨减少，有利于荒漠化地区土壤和植被根系对水分的吸收和利用。

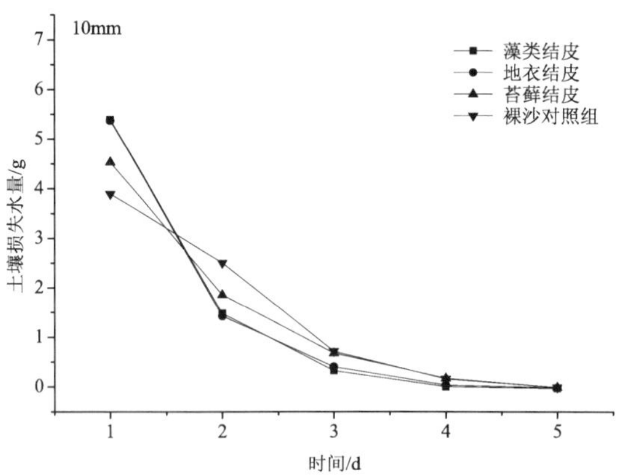

图 9-3 模拟 10 mm 降雨生物结皮土壤损失水量

如图 9-4 所示，模拟 15 mm 降雨量，所有覆盖下蒸发损失水量表现出与较低降雨量不同的规律。在蒸发实验的第 1 天，裸沙对照组损失水量均低于生物结皮覆盖，其中藻类结皮损失最多，其次是苔藓结皮，最后是地衣结皮。通过上文中对生物结皮阻水特性的研究分析，不难发现，当降水量增大时，水分被生物结皮阻挡在表面，很难形成迅速的下渗过程，所以导致第一天的蒸发损失水量高于裸沙对照组的情况。从蒸发实验的第 2 天开始，藻类结皮和苔藓结皮蒸发损失的水量迅速增大，而地衣结皮和裸沙对照组从第 3 天才出现明显的下降趋势，即在模拟 15 mm 降水条件下，裸沙对照组和地衣结皮覆盖下出现明显降低的时间要比藻类和苔藓结皮覆盖条件滞后 1 天。

从 15 mm 降水量损失水量逐日变化看，在蒸发实验的前 3 天，裸沙对照组损失水量为 10.175 g，占总损失水量的 93.48%；而苔藓结皮覆盖下蒸发损失水量为 10.35 g，占总损失水量的 96.41%；地衣结皮覆盖下蒸发损失水量为 10.21 g，占总损失水量的 94.36%；藻类结皮覆盖下蒸发损失水量为 10.485 g，占总损失水量的 96.15%。而在蒸发实验的后 2 天，裸沙对照组损失水量为 0.71 g，占总损失水量的 6.52%；而苔藓结皮覆盖下蒸发损失水量为 0.385 g，占总损失水量的 3.59%；地衣结皮覆盖下蒸发损失水量为 0.61 g，占总损失水量的 5.64%；藻类结皮覆盖下蒸发损失水量为 0.42 g，占总损失水量的 3.85%。通过上述的数据分析可以得出，在 15 mm 降雨量下，前 3 天，生物结皮均不能有效地阻挡水分的蒸发过程，而后两天，生物结皮又表现出阻挡水分蒸发的特征，那么我们就可以说生物结皮不能有效地阻挡水分蒸发作用。同样说明，随着降雨量的增大，通过生物结皮渗透到下层沙土中的水分越多，根据降雨量的大小比较水分损失情况，可以很好地观察生物结皮对水分利用的特征。

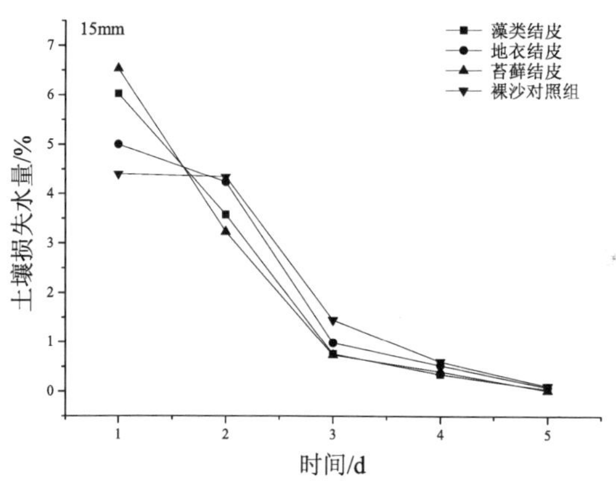

图 9-4　模拟 15 mm 降雨生物结皮土壤损失水量

图 9-5 为 25 mm 降雨量条件下不同覆盖土壤损失水量。不同覆盖条件下，土壤水分蒸发损失水量变化规律与前文都不相同。在蒸发实验的第 1 天，苔藓结皮覆盖下损失水量最多，其中藻类结皮损

失最少。从蒸发实验的第 2 天开始，裸沙对照组损失水量开始增大，均显著高于有生物结皮覆盖下。到蒸发第 5 天，所有覆盖下损失水量均没有出现 0，表明较大降雨量条件下，水分能够更多地穿过生物结皮的阻挡进入下层沙土中，这样有利于荒漠化地区深根系植被的生长和发育。

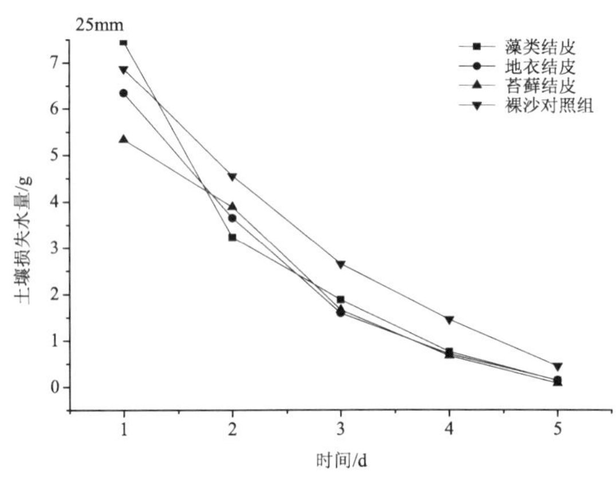

图 9-5 模拟 25 mm 降雨生物结皮土壤损失水量

从 25 mm 降水量损失水量逐日变化看，在蒸发实验的前 3 天，裸沙对照组损失水量为 14.08 g，占总损失水量的 88.11%；而苔藓结皮覆盖下蒸发损失水量为 12.57 g，占总损失水量的 93.32%；地衣结皮覆盖下蒸发损失水量为 11.58 g，占总损失水量的 93.09%；藻类结皮覆盖下蒸发损失水量为 10.89 g，占总损失水量的 93.56%。而在蒸发实验的后 2 天，裸沙对照组损失水量为 1.9 g，占总损失水量的 11.89%；而苔藓结皮覆盖下蒸发损失水量为 0.9 g，占总损失水量的 6.68%；地衣结皮覆盖下蒸发损失水量为 0.86 g，占总损失水量的 6.91%；藻类结皮覆盖下蒸发损失水量为 0.475 g，占总损失水量的 6.44%。通过上述的数据分析可得，在 25 mm 降雨量下，生物结皮覆盖蒸发损失水量明显小于裸沙对照组，那么我们可以得出生物结皮能够有效抑制水分蒸发的作用。

在毛乌素沙地选取生物结皮，在不同覆盖下研究生物结皮对水分蒸发作用的影响，我们可以看出，在降雨量较小（2 mm）的情况下，生物结皮促进水分的蒸发作用，这是因为水分较小的情况下，水分大多被保持在结皮层中，很难下渗到下层沙土中，水分很快会蒸发回到大气中。在降雨量较大（15 mm 和 25 mm）的条件下，生物结皮能够有效地阻挡水分的蒸发作用，水分能够渗透过结皮层到达下层沙土，在之后的蒸发过程中，生物结皮覆盖对下层含水量其到保护的作用。而介于 2～15 mm 的 5 mm 和 10 mm 降雨量条件，生物结皮对水分蒸发没有呈现出一致的变化规律，需要根据不同的生物结皮类型和立地条件来判断生物结皮对水分蒸发作用的影响。

9.1.2 乌兰布和沙漠

如图 9-6 所示，在 2 mm 降水量条件下，蒸发的第 1 天中三种生物结皮的蒸发损失的水量均显著小于裸露的沙土对照组（$p<0.05$）。而从蒸发第 2 天开始，所有覆盖下蒸发损失水量均急剧下降，而裸沙对照组的蒸发损失水量小于生物结皮覆盖。从蒸发的第 3 天，所有覆盖下的蒸发损失水量开始缓慢下降。从第 4 天开始，所有覆盖下的蒸发损失水量下降为 0。蒸发第 5 天开始，生物结皮开始从空气中吸收水分，苔藓结皮覆盖下吸收水量明显高于其他三组。说明在 2 mm 降雨量条件下，从蒸发第 2 天开始，所有覆盖表面的干旱层已经形成，损失第 1 天的水量之后，损失量开始迅速下降。从蒸发第 5 天开始，所有覆盖开始吸收水分。

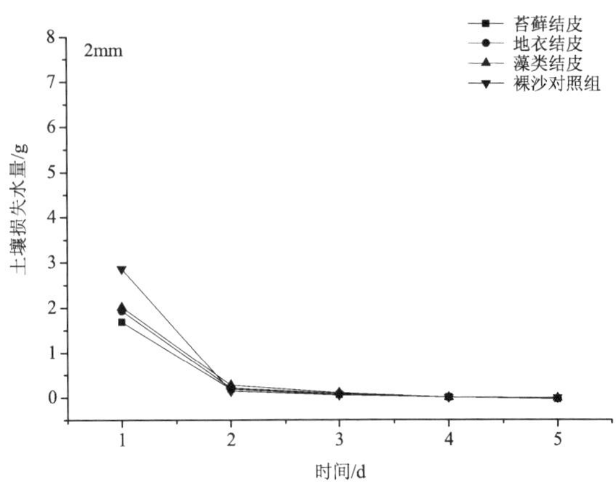

图 9-6 模拟 2 mm 降雨生物结皮土壤损失水量

从 2 mm 降雨量逐日损失水量的变化来看，在蒸发第 1 天到第 2 天之间出现明显拐点，蒸发损失水量明显减小，所有覆盖下表层均出现干旱层。通过每日的蒸发进程来看，在蒸发实验的第 1 天，裸沙对照组损失水量为 2.86 g，占总损失水量的 94.08%；而苔藓结皮覆盖下蒸发损失水量为 1.68 g，占总损失水量的 88.89%；地衣结皮覆盖下蒸发损失水量为 1.93 g，占总损失水量的 88.13%；藻类结皮覆盖下蒸发损失水量为 2.01 g，占总损失水量的 84.81%。当有较少降雨量的降雨事件发生时，生物结皮阻拦水分下渗的同时，将水分留在地表，这样使稀少的降水迅速蒸发。

如图 9-7 所示，在 5 mm 降水量条件下，不同的覆盖方式之间表现不尽相同。在裸沙对照组覆盖下，第 1 天蒸发损失的水量明显大于所有生物结皮覆盖下。而从蒸发第 2 天开始，所有覆盖下蒸发损失水量都急剧下降，而裸沙对照组下蒸发损失水量明显高于生物结皮覆盖下。到蒸发的第 3 天，损失水量下降开始变得缓慢。到第 4 天，所有覆盖下的蒸发损失水量都为 0。从第 5 天开始，开始从空气中吸收水分，而且苔藓结皮覆盖下吸收水量明显高于其他三组。说明在较低降水（5 mm）条件下，生物结皮能够不能很好地阻挡水分的蒸发作用，个别情况会促进蒸发的进程。

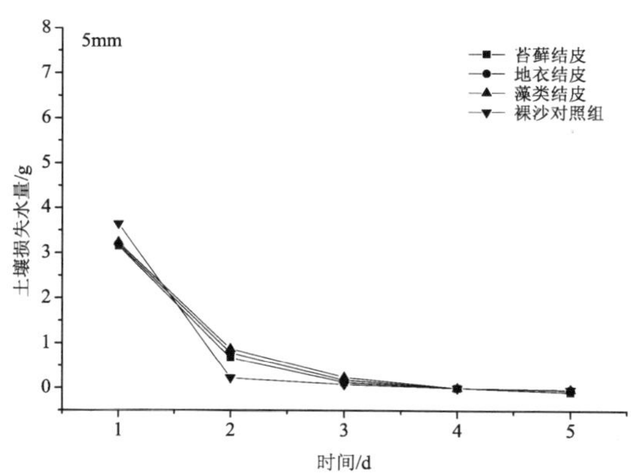

图 9-7　模拟 5 mm 降雨生物结皮土壤损失水量

从 5 mm 降雨逐日损失水量的变化分析，在蒸发第 2 天蒸发损失水量也出现明显拐点，从第 2 天开始所有覆盖下蒸发损失水量明显减少。在蒸发过程的前 2 天，裸沙对照组损失水量为 3.86 g，占总损失水量的 97.97%；而苔藓结皮覆盖下蒸发损失水量为 3.82 g，占总损失水量的 96.83%；地衣结皮覆盖下蒸发损失水量为 3.97 g，占总损失水量的 95.66%；藻类结皮覆盖下蒸发损失水量为 4.10 g，占总损失水量的 94.47%。但是，到蒸发实验的第 3～5 天，裸沙累计损失水量为 0.005 g，占总损失水量的 1.27%；而苔藓结皮覆盖下蒸发累计损失水量为 0.04 g，占总损失水量的 1.01%；地衣结皮覆盖下蒸发累计损失水量为 0.14 g，占总损失水量的 3.37%；藻类结皮覆盖下蒸发累计损失水量为 0.21 g，占总损失水量的 4.84%。说明在 5 mm 降雨量下，生物结皮对水分蒸发作用没有呈现统一的变化规律，需要根据不同生物结皮的类型和条件进行判断。

如图 9-8 所示，在 10 mm 降雨量条件下，蒸发的第 1 天，苔藓结皮覆盖下损失水量明显高于其他三组，其中裸沙对照组损失水量最少。从蒸发的第 2 天开始，损失水量明显降低，但是裸沙对照组损失水量最多。根据不同覆盖条件对水分蒸发损失水量变化来看，蒸发第 1 天，裸沙对照组损失水量低于生物结皮层覆盖，第 2～4 天，裸沙对照组损失水量则高于其他生物结皮层覆盖，蒸发第 5 天，所有覆盖下损失水量均为 0。

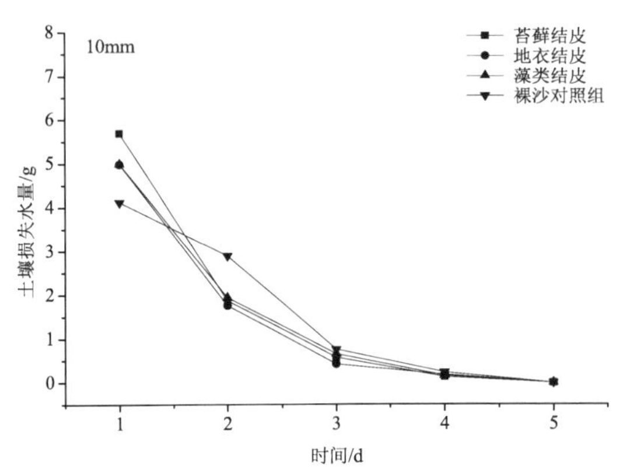

图 9-8　模拟 10 mm 降雨生物结皮土壤损失水量

从 10 mm 降雨量损失水量逐日变化来看，在蒸发实验的前 1～2 天，各种覆盖方式损失水量分别为 7.01 g、7.56 g、6.74 g 和 6.93 g，分别占总损失水量的 87.52%、91.53%、91.83%和 89.53%。苔藓结皮损失水量更多，地衣结皮最少。就前两天蒸发过程来看，苔藓结皮促进水分的蒸发，而地衣和藻类结皮抑制了水分的蒸发。

如图 9-9 所示，在 15 mm 降雨量条件下，在蒸发实验的第 1 天，地衣结皮覆盖下损失水量均低于其他三组，其中藻类结皮损失最多。

从蒸发实验的第 2 天开始，地衣结皮损失水量依旧最多，而苔藓和藻类结皮从第 3 天才出现明显的下降趋势，在蒸发的第 5 天，没有出现日损失水量为 0 的现象。

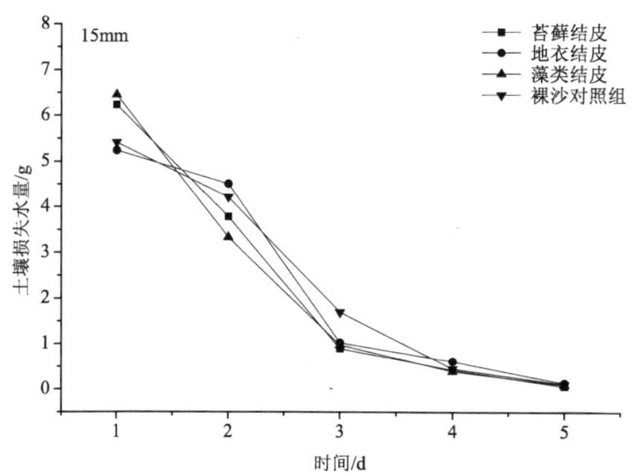

图 9-9 模拟 15 mm 降雨生物结皮土壤损失水量

从 15 mm 降水量损失水量逐日变化看，在蒸发实验的前 3 天，所有覆盖损失水量分别为 11.31 g、10.9 g、10.75 g 和 10.75 g，分别占总损失水量的 95.28%、95.78%、93.56%和 95.73%。而在蒸发实验的后 2 天，所有覆盖损失水量分别为 2.25 g、1.37 g、1.76 g 和 1.45 g，分别占总损失水量的 4.72%、4.22%、6.44%和 4.27%。通过上述数据分析可以得出，在 15 mm 降雨条件下，生物结皮覆盖损失水量均小于裸沙对照组覆盖下，生物结皮对水分蒸发均有抑制作用。

图 9-10 为 25 mm 降雨量条件下不同覆盖土壤损失水量。在蒸发实验的第 1 天，苔藓结皮覆盖下损失水量最多，其中藻类结皮损失最少。从蒸发实验的第 2 天开始，裸沙对照组损失水量最大。

从 25 mm 降水量损失水量逐日变化看，在蒸发实验的前 3 天，所有覆盖下损失水量分别为 14.08 g、12.57 g、11.58 g 和 10.89 g，分别占总损失水量的 88.11%、93.32%、93.09%和 93.56%。而在蒸发实验的后 2 天，所有覆盖下损失水量分别为 4.55 g、2.78 g、2.45 g 和 2.41 g，分别占总损失水量的 28.47%、20.64%、19.69%和 20.70%。通过上述数据分析可得，在 25 mm 降雨条件下，生物结皮覆盖下损失水量明显小于裸沙对照组覆盖下，说明生物结皮具有抑制水分蒸发的作用。

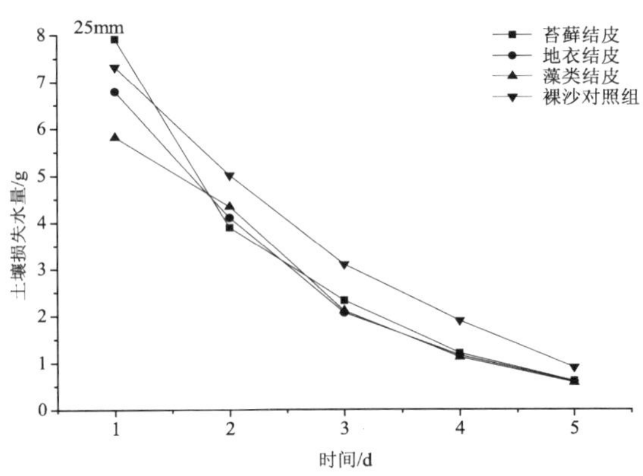

图 9-10　模拟 25 mm 降雨生物结皮土壤损失水量

在乌兰布和沙漠选取生物结皮进行模拟降雨实验，可以得出，较少降雨量只能造成地表生物结皮对水分的吸收作用，不但没有抑制水分的蒸发作用，反而促进了水分的蒸发。而当降雨量持续增大时，生物结皮因为荒漠化地区复杂的地表地形以及生物结皮结构的多变性，使无法判断其对水分蒸发的一般规律。当降雨量大于 15 mm 时，水分开始大量渗透到深层沙土中，生物结皮开始抑制水分的蒸发过程。

比较两种荒漠生态系统，单就逐日蒸发水量来看生物结皮对水分蒸发作用的影响，可以得出结论：较少降雨量（2 mm）条件下，生物结皮促进水分的蒸发作用，而较多降雨量（15 mm）条件下，生物结皮抑制水分的蒸发作用，在两种降雨量之间的降雨，无法很好判断其对水分的蒸发作用。在毛乌素沙地，生物结皮平均厚度较大，容重较大。从上一章可以知道该地区生物结皮阻挡水分渗透的作用更强。在水分蒸发的过程中，水分首先到达地表最上层的结皮层，强烈的阻挡下渗的能力，造成水分较长时间滞留在结皮层中，这样使生物结皮对水分蒸发的抑制作用降低。在之后的蒸发进程中，生物结皮将渗透下来的水分保留在深层土壤中，这样可以看出，毛乌素沙地生物结皮对水分的蒸发作用要是先促进后抑制，强度要大于乌兰布和沙漠。

9.2 不同覆被下土壤水分累计蒸发损失量

9.2.1 毛乌素沙地

表 9-1 为毛乌素沙地土壤累计损失水量，可以看出：在 2 mm 降雨量条件下，苔藓结皮累计损失水量最少，为（1.61±0.09）g，裸沙累计损失水量最多，并显著大于生物结皮覆盖（$p<0.05$）。在 5 mm 降雨量条件下，地衣结皮累计损失水量最大，为（3.66±0.18）g，苔藓结皮累计损失水量最小，为（3.51±0.29）g。在 10 mm 和 25 mm 降雨量条件下，裸沙对照组累计损失水量均为最多，分别为（7.25±0.44）g 和（24.45±2.31）g，而在 15 mm 降雨量条件下，藻类结皮累计损失水量最多，为（10.91±0.98）g。结果表明：在 2 mm、10 mm 和 25 mm 降雨条件下，生物结皮对水分蒸发具有抑制作用。而在 5 mm 降雨条件下，苔藓结皮抑制水分蒸发，而地衣和藻类结皮促进水分的蒸发；在 15 mm 降雨条件下，苔藓和地衣结皮抑制水分蒸发，藻类结皮促进水分蒸发。

表 9-1 毛乌素沙地土壤累计损失水量 单位：g

不同覆被条件	累计损失水量				
	2 mm	5 mm	10 mm	15 mm	25 mm
裸沙对照组	2.77±0.12a	3.54±0.31a	7.25±0.44a	10.89±1.22a	24.45±2.31a
苔藓结皮	1.61±0.09b	3.51±0.29a	7.16±0.59a	10.74±1.08a	23.02±2.41b
地衣结皮	2.03±0.14c	3.66±0.18b	7.21±0.68a	10.82±1.01a	23.72±1.99b
藻类结皮	2.18±0.11c	3.66±0.12b	7.23±0.78a	10.91±0.98a	23.97±2.13b

注：a、b 和 c 表示差异性显著（$p<0.05$）。

9.2.2 乌兰布和沙漠

如表 9-2 所示，在乌兰布和沙漠的样地内，模拟 2 mm、15 mm 和 25 mm 降雨，裸沙对照组累计损失水量显著大于生物结皮覆盖（$p<0.05$）。模拟 5 mm 降雨，裸沙对照组累计损失水量显著小于生物结皮覆盖（$p<0.05$）。模拟 10 mm 降雨，苔藓结皮累计损失水量显著大于其他三组（$p<0.05$）。在 2 mm、15 mm 和 25 mm 降雨条件下，生物结皮具有阻挡水分蒸发的作用，而在 5 mm 降雨量下，生物结皮促进水分的蒸发作用，在 10 mm 降雨量下，苔藓结皮促进水分蒸发过程，地衣和藻类结皮抑制水分蒸发。

表 9-2 乌兰布和沙漠土壤累计损失水量 单位：g

不同覆被条件	累计损失水量				
	2 mm	5 mm	10 mm	15 mm	25 mm
裸沙对照组	3.04±0.41a	3.94±0.39a	8.01±0.65a	14.99±0.98a	29.98±1.24a
苔藓结皮	1.89±0.16b	3.945±0.28a	8.26±0.57a	14.10±0.9b	28.19±1.21b
地衣结皮	2.19±0.39c	4.15±0.71b	7.34±0.71b	13.68±0.78c	27.36±1.11c
藻类结皮	2.37±0.31c	4.34±0.51b	7.74±0.68b	14.45±0.52b	28.90±1.09b

注：a、b 和 c 表示差异性显著（$p<0.05$）。

比较两种荒漠生态系统，单就累计损失水量来看，在 2 mm 和 25 mm 降雨条件下，生物结皮均具有阻挡水分蒸发的作用。而在 5 mm 降雨量下，毛乌素沙地中苔藓结皮抑制水分蒸发，而在乌兰布和沙漠中，所有生物结皮均促进水分的蒸发。在 10 mm 降雨量下，毛乌素沙地所有生物结皮均抑制水分蒸发，乌兰布和沙漠苔藓结皮促进水分的蒸发。在 15 mm 降雨量下，毛乌素沙地藻类结皮促进水分蒸发，乌兰布和沙漠所有生物结皮均抑制水分蒸发作用。分析不同荒漠生态系统，由于生物结皮的组成不同和研究区立地条件的差异性，造成我们不能直接得出生物结皮对水分蒸发作用的影响关系，只能通过具体分析才能找到一定的变化规律。

结合荒漠化地区生物结皮对水分蒸发研究过程，从逐日损失水量和累计损失水量来看，当降雨量为 25 mm 条件下，两中荒漠生态系统中的生物结皮对水分蒸发均具有抑制作用。随着降雨量的减小，生物结皮对水分蒸发的作用无法得出统一的变化规律。

9.3　讨论

在过去的研究中，关于生物结皮对水分蒸发作用共有三种声音，即促进蒸发、抑制蒸发和无相互关系。李守中等（2005）认为生物结皮通过降低反射率和提高毛管作用，大大提高了土面蒸发（李守中等，2005）。本书进行模拟降雨实验对生物结皮与水分蒸发作用的相互关系进行了分析，结果表明：在降雨量较大（25 mm）的情况下，生物结皮具有抑制水分蒸发的作用。而降雨量较小的情况下，地表土壤水分在降雨后出现浅层化的现象，大大加快了蒸发的进程（李守中等，2005）。生物结皮蒸发过程一共分为 3 个阶段：第一阶段是快速蒸发阶段，在模拟降雨之后，蒸发实验的前两天都处在这一阶段，有生物结皮存在的地表的蒸发速率大于流沙地表；第二阶段是蒸发的速率迅速下降的阶段，蒸发实验的 3～4 天，地表出现干旱层，使蒸发的速率大大降低；第三阶段是凝结吸湿阶段，从实验的第 5 天开始，生物结皮吸收周围环境中的水分，是损失水量出现负数现象（Li et al.，2002；刘立超等，2005）。随着生物结皮的发育，其保持湿润的能力加强（李守中等，2005）。与流沙和物理结皮相比较，苔藓结皮对水分的更好利用，使其蒸发速率一直很高，水分基本保持在表层，缩短了水分蒸发的过程（刘立超等，2005）。在土壤表面覆砂能够有效减少土壤的蒸发(陈士辉等，2005；Modaihsh et al.，1985)，增加土壤表面障碍物（如石头），增大植被冠幅，避免阳光直射，能够有效地减少土壤中水分的损失。

9.4 小结

（1）不同荒漠生态系统中土壤逐日损失水量的结果表明：在两种荒漠生态系统中，在较小降雨量（2 mm）条件下，生物结皮对水分蒸发具有促进作用。而在较大降雨量（25 mm）条件下，生物结皮对水分蒸发具有抑制作用。介于两种降雨量之间的降雨事件，不能准确地判断生物结皮对水分蒸发作用的影响，需要根据不同的生物结皮类型和研究区立地条件进行判断。

（2）不同荒漠生态系统中土壤累计损失水量的结果表明：在 2 mm 和 25 mm 降雨条件下，生物结皮均具有阻挡水分蒸发的作用。而在 5 mm 降雨量下，毛乌素沙地中苔藓结皮抑制水分蒸发，而在乌兰布和沙漠中，所有生物结皮均促进水分的蒸发。在 10 mm 降雨量下，毛乌素沙地所有生物结皮均抑制水分蒸发，乌兰布和沙漠苔藓结皮促进水分的蒸发。在 15 mm 降雨量下，毛乌素沙地藻类结皮促进水分蒸发，乌兰布和沙漠所有生物结皮均抑制水分蒸发作用。

（3）将土壤逐日损失水量和累计损失水量相结合，可以得出结论：在较大降雨量（25 mm）条件下，生物结皮具有阻挡水分蒸发的作用，而降雨量较小的情况下，根据不同的生物结皮类型和不同的立地条件，生物结皮对水分蒸发作用表现出不同的规律。

第 10 章　不同荒漠生态系统生物结皮对凝结水的影响

10.1　不同荒漠生态系统凝结水量

10.1.1　毛乌素沙地

在高沙窝地区，除了降雨天气外，共观测到 30 天的数据记录。通过图 10-1 可以看出，从实验（7 月 11 日）开始，到实验（8 月 16 日）结束，每一天的凝结水量均大于 0 mm。相同类型地表凝结水量日起伏变化较大，不同类型地表日凝结水量也存在明显的差异。四种类型地表日凝结水量呈现出裸沙＜藻类结皮＜地衣结皮＜苔藓结皮的规律。生物结皮的形成，使地表凝结水量明显增大，并伴随生物结皮的演替发展，日凝结水量也明显增大。

由表 10-1 可知，四种地表类型凝结水总量分别为（2.817±0.089）mm，（4.193±0.125）mm，（4.922±0.132）mm 和（5.324±0.132）mm，不同地表类型的凝结水总量表现为显著性差异（$p<0.01$），凝结水总量与日凝结水量呈现相同的规律。四种地表类型凝结水平均值分别为（0.094±0.003）mm，（0.140±0.004）mm，（0.164±0.004）mm 和（0.177±0.004）mm，不同地表类型凝结水平均值表现为显著性差异（$p<0.01$），其变化规律与凝结水总量相同。

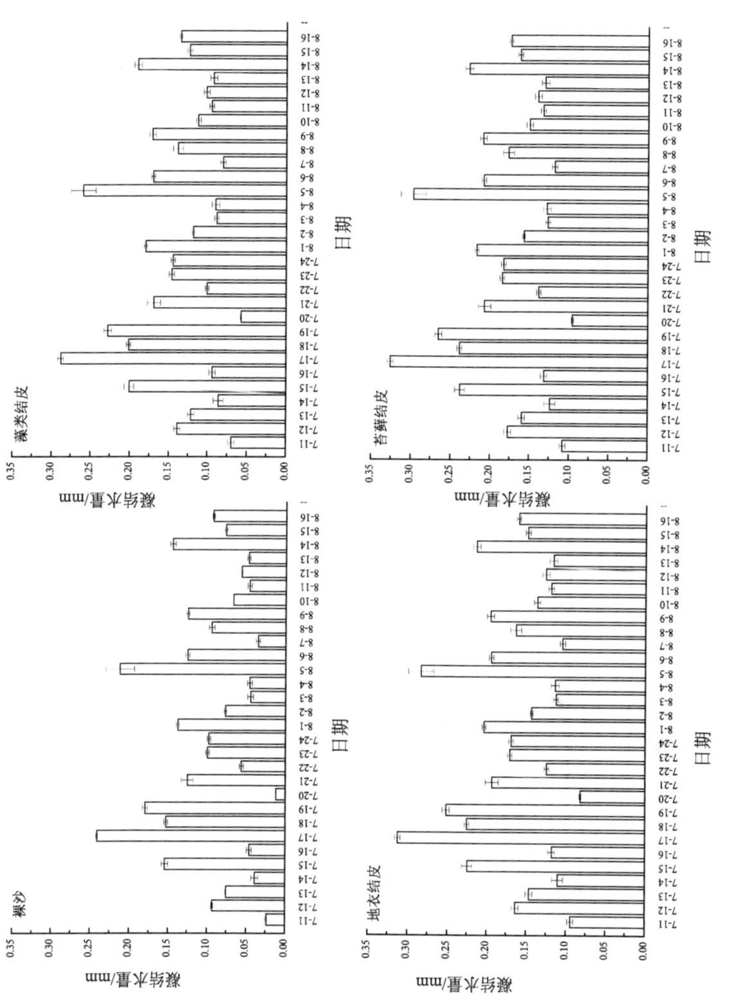

图 10-1 毛乌素沙地凝结水量

四种地表类型凝结水最大值分别为（0.241±0.001）mm，（0.288±0.004）mm，（0.312±0.004）mm 和（0.326±0.004）mm，表现为显著性差异（$p<0.05$），其最大值均出现在 7 月 17 日；而四种地表类型凝结水最小值分别为（0.012±0.001）mm，（0.057±0.001）mm，（0.057±0.001）mm 和（0.095±0.001）mm，表现为显著性差异（$p<0.05$），同样出现在同一天（7 月 20 日）。

表 10-1 毛乌素沙地凝结水量特征分析

地表类型	凝结水总量/mm	凝结水平均值/mm	最大值/mm	最大值出现日期	最小值/mm	最小值出现日期
裸沙	2.817±0.089 A	0.094±0.003 A	0.241±0.001 a	7 月 17 日	0.012±0.001 a	7 月 20 日
藻类结皮	4.193±0.125 B	0.140±0.004 B	0.288±0.004 b	7 月 17 日	0.057±0.001 b	7 月 20 日
地衣结皮	4.922±0.132 C	0.164±0.004 C	0.312±0.004 c	7 月 17 日	0.057±0.001 c	7 月 20 日
苔藓结皮	5.324±0.132 D	0.177±0.004 D	0.326±0.004 d	7 月 17 日	0.095±0.001 d	7 月 20 日

注：a、b、c 表示差异性显著（$p<0.05$），A、B、C 表示差异性极显著（$p<0.01$）。

不同地表类型日凝结水量、凝结水总量和凝结水平均值均表现为同一规律性，即裸沙＜藻类结皮＜地衣结皮＜苔藓结皮。产生这一现象的原因主要与生物结皮的生物和机械组成有关：裸沙表面生物成分贫瘠，机械组成主要有细沙和中沙构成，缺少粘连性，加上表面积较小，吸收凝结水的能力最弱。而随着生物结皮的形成和发育，地表出现粗粒化现象，表面积增大，生物组成丰富，对水分的吸收能力增强。与藻类和地衣结皮相比，苔藓结皮表现出更好的生物组成和质地结构。综上所述，不同地表类型的各种凝结水量指数均表现出相同规律。

10.1.2 乌兰布和沙漠

在磴口地区，同样观测到 30 天的数据记录。由图 10-2 可以看出，从实验（7 月 19 日）开始，到实验（8 月 24 日）结束，每一天的凝结水量均大于 0 mm。相同类型地表凝结水量日起伏变化较大，不同类型地表凝日结水量也存在明显的差异。四种类型地表日凝结水量表现出裸沙＜藻类结皮＜地衣结皮＜苔藓结皮的规律。生物结皮的形成，使地表凝结水量明显增大，并伴随生物结皮的演替发展，日凝结水量也明显增大。

由表 10-2 可知，四种地表类型凝结水总量分别为（1.745±0.049）mm，（2.429±0.114）mm，（2.980±0.131）mm 和（3.658±0.161） mm，不同地表类型的凝结水总量表现为显著性差异（$p<0.01$），凝结水总量与日凝结水量呈现相同的规律。四种地表类型凝结水平均值分别为（0.058±0.003）mm，（0.081±0.007）mm，（0.099±0.008）mm 和（0.122±0.010）mm，不同地表类型凝结水平均值也表现为显著性差异（$p<0.01$），其变化规律与凝结水总量相同。四种地表类型凝结水最大值分别为（0.120±0.002）mm，（0.144±0.002）mm，（0.162±0.003）mm 和（0.183±0.010）mm，表现为显著性差异（$p<0.05$），其最大值均出现在 8 月 1 日；而四种地表类型凝结水最小值分别为（0.011±0.002）mm，（0.032±0.004）mm，（0.051±0.002）mm 和（0.075±0.003）mm，表现为显著性差异（$p<0.05$），同样出现在同一天（8 月 23 日）。

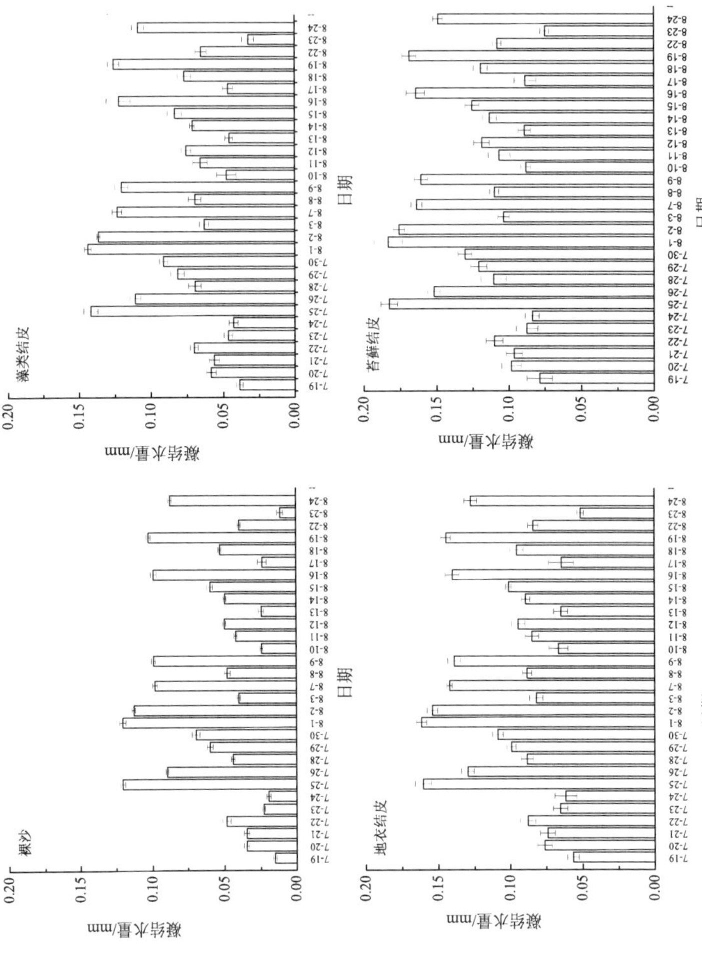

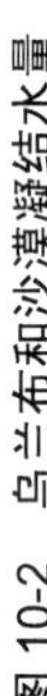

图 10-2 乌兰布和沙漠凝结水量

表 10-2　乌兰布和沙漠凝结水量特征分析

地表类型	凝结水总量/mm	凝结水平均值/mm	最大值/mm	最大值出现日期	最小值/mm	最小值出现日期
裸沙	1.745±0.049 A	0.058±0.003 A	0.120±0.002 a	8 月 1 日	0.011±0.002 a	8 月 23 日
藻类结皮	2.429±0.114 B	0.081±0.007 B	0.144±0.002 b	8 月 1 日	0.032±0.004 b	8 月 23 日
地衣结皮	2.980±0.131 C	0.099±0.008 C	0.162±0.003 c	8 月 1 日	0.051±0.002 c	8 月 23 日
苔藓结皮	3.658±0.161 D	0.122±0.010 D	0.183±0.010 d	8 月 1 日	0.075±0.003 d	8 月 23 日

注：a、b、c 表示差异性显著（$p<0.05$），A、B、C 表示差异性极显著（$p<0.01$）。

比较毛乌素沙地和乌兰布和沙漠凝结水量，我们可以发现：两个地区的四种地表类型日凝结水量、凝结水总量和平均值表现为：毛乌素沙地＞乌兰布和沙漠。产生这一现象的主要原因主要与两者的气候条件差异有关。荒漠化地区年降雨量稀少，降雨分布不均，只有集中在夏季。高沙窝地区年降雨量大约为 280 mm，而磴口地区年降雨量大约为 144 mm，差不多是高沙窝地区的一半左右。地表凝结水分主要来自大气水分，磴口降雨量的稀少，导致其地表汇集水分的能力较弱，植物群落对大气水分的利用效率也较低。水分是制约荒漠化生态系统的最重要原因之一。磴口紧邻黄河上游，其地下水分条件较好，这样可以弥补其对大气水分低利用率的不足。两种荒漠生态系统生物结皮对凝结水的影响和利用，毛乌素因其年降雨量较多的优势，对凝结水的影响更好，利用率更高。

10.2 不同荒漠生态系统凝结水形成和蒸发的过程

10.2.1 毛乌素沙地

在观测期间内，选择 7 月 20 日和 8 月 10 日两个夜间进行凝结水形成过程的详细观测。这两天夜晚天气晴朗，几乎无风，每隔 2h 观测 1 次凝结水量的变化情况。如图 10-3 所示，所有类型地表从 19：00 开始出现地表凝结水，到 23：00 之前凝结水量明显增大，其中苔藓结皮增大的速率最大。过了 23：00 之后形成的凝结水量增量明显减少，只在地衣和苔藓结皮表面有少量新的凝结水形成。从凌晨 1：00 开始凝结水量又开始增大，到凌晨 5：00 之后形成凝结水的速度明显放缓。

另外，选择 8 月 11 日观测凝结水的蒸发过程。从早上 7：00 开始，每隔 0.5h 观测 1 次凝结量的变化情况。由图 10-3 可知，在首个观测时间（7：00—7：30）内，苔藓结皮表面继续有大量的凝结水形成，地衣结皮表面只有少量凝结水形成，而藻类结皮表面几乎没有形成凝结水。从第二个观测时间开始（7：30），所有类型地表凝结水开始出现蒸发现象，其中苔藓和地衣结皮蒸发速率较快，到最后两个观测时间（10：30—11：30）凝结水蒸发过程基本结束。通过观察可知，凝结水在裸沙表面的停留时间为（4.2±0.1）h，在藻类结皮表明停留时间为（4.5±0.2）h，在地衣结皮表面停留时间为（3.7±0.1）h，而在苔藓结皮表面停留的时间为（3.8±0.1）h，其中，在藻类结皮表面停留的时间最长，在地衣结皮表面停留时间最短。四种类型地表凝结水量停留时间表现出不同的变化趋势，其中裸沙和藻类结皮表面凝结水停留时间显著大于地衣和苔藓结皮表面的停留时间（$p<0.05$）。

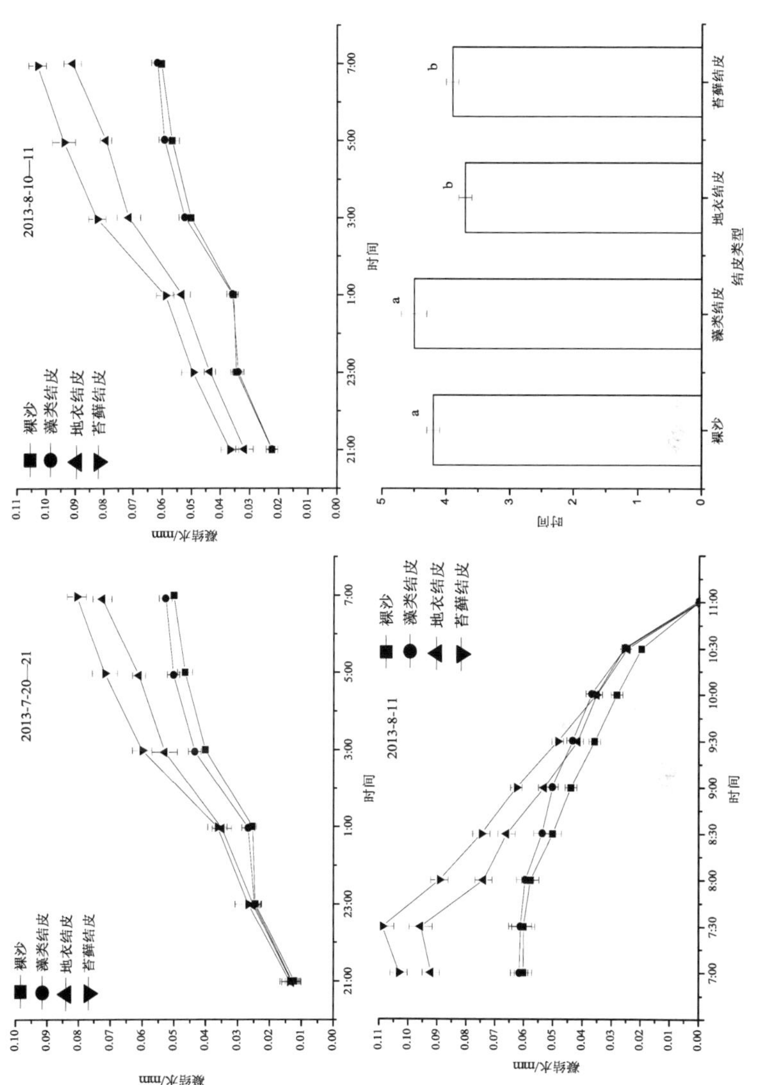

图 10-3　毛乌素沙地凝结水形成和蒸发过程以及凝结水停留时间

10.2.2 乌兰布和沙漠

在磴口地区，观测凝结水的日期选择为 7 月 28 日和 8 月 15 日晚。如图 10-4 所示，不同地表类型凝结水形成过程的观测结果与高沙窝地区相一致。而观测蒸发的日期选择在 2013 年 8 月 15 日，其蒸发的观测结果也和高沙窝相一致。通过观察可知，凝结水在裸沙表面的停留时间为（3.8±0.1）h，在藻类结皮表明停留时间为（3.9±0.1）h，在地衣结皮表面停留时间为（3.3±0.1）h，而在苔藓结皮表面停留的时间为（3.5±0.1）h，其中，在藻类结皮表面停留的时间最长，在地衣结皮表面停留时间最短。四种类型地表凝结水量停留时间表现出不同的变化趋势，其中裸沙和藻类结皮表面凝结水停留时间显著大于地衣和苔藓结皮表面的停留时间（$p<0.05$）。

比较两种荒漠生态系统凝结水的形成和蒸发的过程，通过对结果进行总结得到：两种荒漠化群落中，水分凝结的各个时间点，水分蒸发开始和结束的时间点均有着基本相同的规律。不过，凝结水在地表的保持时间有明显的不同，毛乌素沙地群落内不同地表类型保持凝结水分的时间要大于乌兰布和沙漠的。究其原因，可能与生物结皮水分、养分条件有关。通过对生物结皮分布特征的研究，我们知道毛乌素沙地生态系统中，生物结皮广泛而多样的生长在不同的立地条件下，其厚度更大，并且盖度更广泛。结皮中的生物成分和机械构成可以有效地改善结皮的饱和持水量和毛孔承载力。长时间将降水保持在结皮层，使土壤水分浅层化现象严重，阻碍了土壤对水分的再次分配过程。

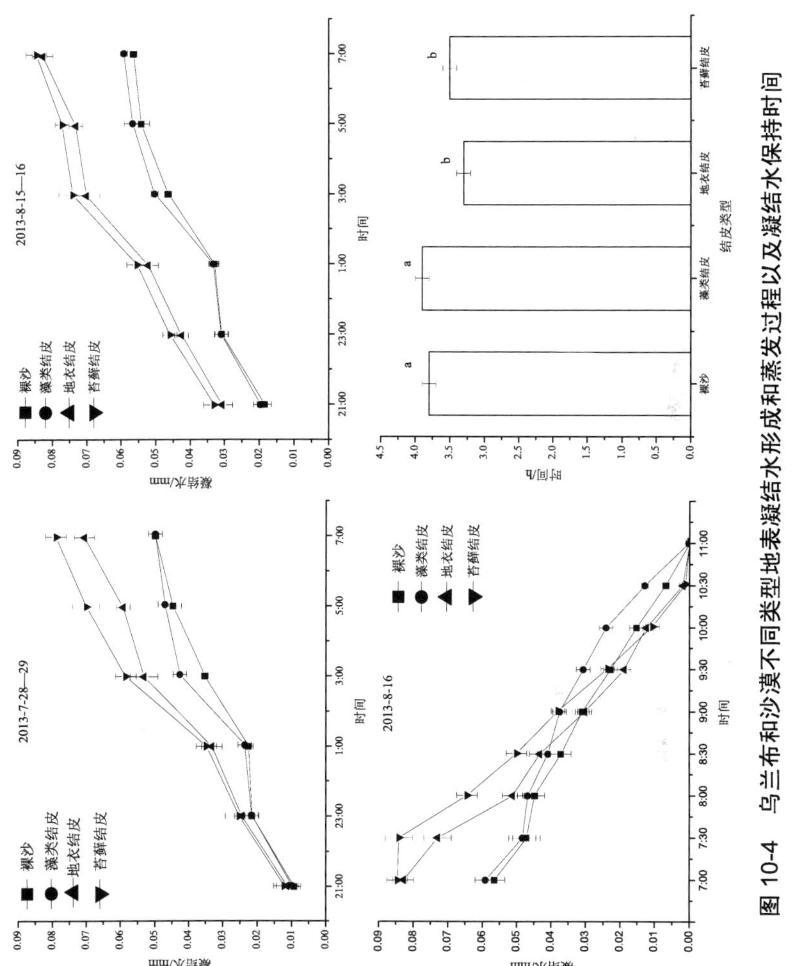

图 10-4 乌兰布和沙漠不同类型地表凝结水形成和蒸发过程以及凝结水保持时间

10.3 不同荒漠生态系统凝结水和气象因子的关系

10.3.1 毛乌素沙地

凝结水的形成与荒漠生态系统中气象因子有着密切的联系。

图 10-5（a）为凝结水量与空气相对湿度的相互关系。在高沙窝地区，白天由于高温的缘故，空气相对湿度较小，到了夜间空气相对湿度迅速升高。到次日 7：00 时，空气相对湿度上升至最大值（89.75%），不同地表类型凝结水量在 7：30 上升至最大值，分别为 0.056 mm、0.086 mm、0.086 mm 和 0.111 mm。从 7：30 开始，空气相对湿度下降趋势显著，明显低于夜间值，不同地表类型凝结水量也出现不同程度的下降，转变为蒸发的状态。

图 10-5（b）为凝结水量与地表温度的关系。从 21：00 开始，地表温度逐渐降低，不同地表类型中凝结水出现，其水量开始迅速增加。第二天早晨 7：00，地表温度首先到达最小值（6.55℃），不同地表类型凝结水量在 7：30 到达最大值。太阳升起之后，地表温度明显增加，凝结水量迅速减小。

通过观察图 10-5（c）中空气温度与凝结水量的关系图，可以看出荒漠化地区空气温度与凝结水量存在较为明显的负相关关系。从 21：00 开始，空气温度下降的同时，地表凝结水量不断增大，并且在第二天 7：00—7：30 达到较高的水平。观察期间，空气温度最小值（5.77℃）小于地表温度最小值（6.55℃）。

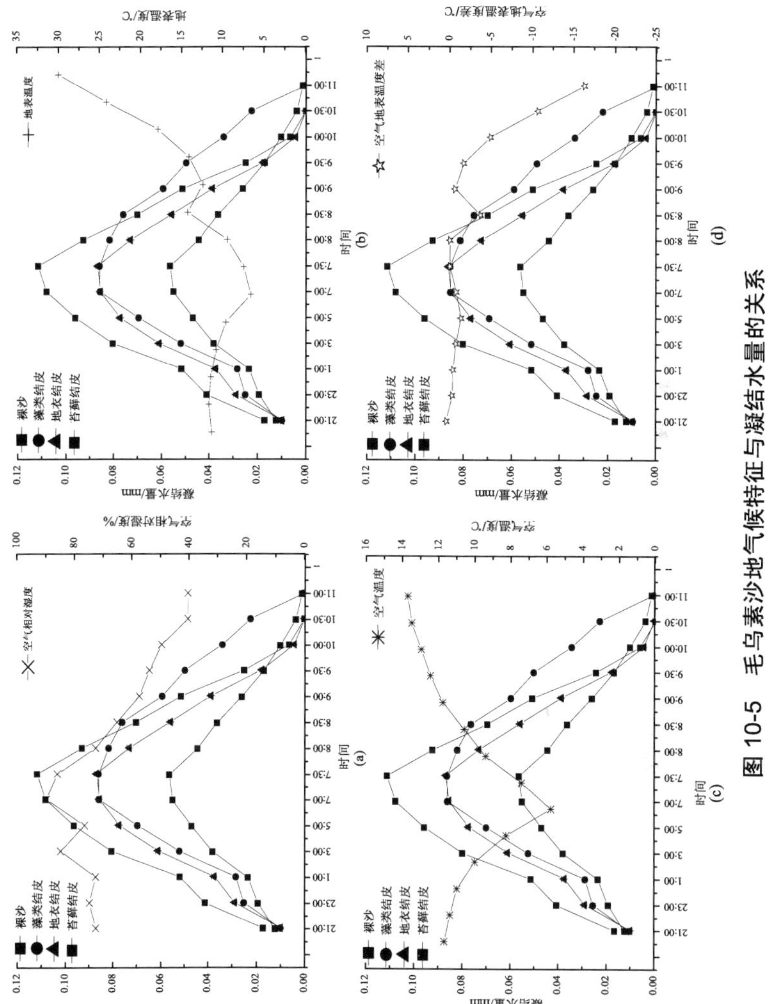

图 10-5 毛乌素沙地气候特征与凝结水量的关系

图 10-5（d）为凝结水量与空气地表温度差值的关系。在观测初期，只在 21：00 时，空气地表温度差为正值，此时地表开始出现凝结水的现象，其他时间均为负值。在 23：00 到第二天 5：00 这一阶段，空气地表温度差在 0 mm 下方振荡，每个观测时间点差值变化较小。从 5：00 开始，差值有微小的增大，这是因为太阳升起后，温度先到达空气中，然后才能到达地表，空气温度较地表温度早一步升高。对 23：00 到第二天 5：00 的差值进行分析发现，当差值为负值时，地表的凝结水量表现出不明显或者减少的现象。当大气温度到达最小值（5.77℃）的同时，地表温度也到达最小值（6.55℃）。从 7：30 开始，大气温度增加较地表温度更为缓慢，地表凝结水分蒸发回到周围生境中。

10.3.2 乌兰布和沙漠

图 10-6（a）为凝结水量与空气相对湿度的关系。在乌兰布和沙漠生态群落中，夜间空气相对湿度开始上升，不同地表类型凝结水量也呈现增大的趋势。第二天 7：00，空气相对湿度到达最大值（71.45%），不同地表类型凝结水量也达到最大值，分别为 0.052 mm、0.083 mm、0.082 mm 和 0.106 mm。与毛乌素沙地生态群落不同的是，空气相对湿度和地表凝结水量共同到达最大值，没有出现滞后的现象。产生这一现象的原因主要是两种生态系统年降雨量不同，毛乌素沙地年降雨量为 280 mm，而乌兰布和沙漠年降雨量为 144 mm，几乎是前者的一半。降雨量的巨大差异，导致乌兰布和沙漠更加干燥，从而导致地表凝结水蒸发进程的提前。沙生群落对水分的有效利用率降低，水分无法更好地反馈，该荒漠生态系统水分条件会越来越差。

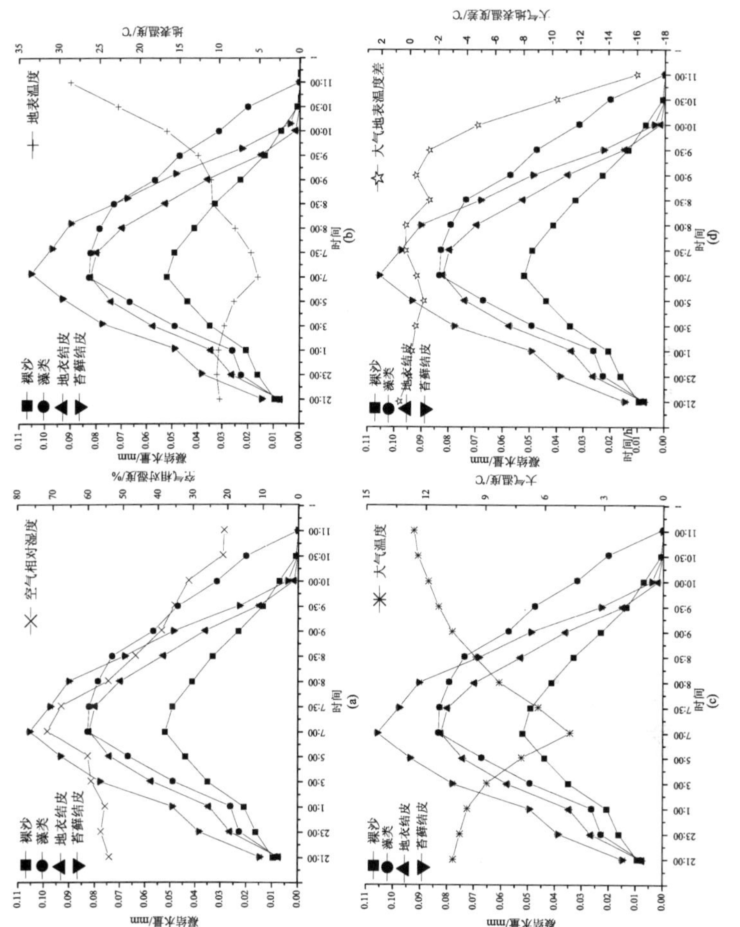

图 10-6　乌兰布和沙漠气候特征与凝结水量的关系

图 10-6（b、c）是凝结水与大气、地表温度的关系。在夜间，大气温度和地表温度均开始降低，地表凝结水量不断增加。第二天 7：00 之后，大气温度和地表温度均开始增加，不过地表温度增加的速度更快。

图 10-6（d）是凝结水与大气地表温度差值的关系。与在毛乌素沙地的研究结果相比较，可以观察出 21：00 和 23：00 时，大气温度高于地表温度，有利于形成凝结水。从第二天夜间 1：00 开始，大气地表温度差值变成负值，不利于形成凝结水，但还是有少量的凝结水形成。

10.4 讨论

10.4.1 裸沙对凝结水形成和蒸发的影响

在荒漠化地区，裸露沙表沙土颗粒组成主要由粗砂粒组成（Wu et al.，2010），由于黏粉粒含量较少，所以沙土的黏结很弱。而生物结皮的颗粒组成主要由黏粉粒组成，其黏结力很强。另外，裸露沙表基本没有生物成分的存在，少量的微生物也无法和土壤作用形成稳定的土壤结构。裸露沙表粗糙坑洼，加上比热很低，导致其对大气和地表的温度变化很敏感，这样也导致了凝结水在其表面较难形成，所以凝结水量也比生物结皮表面要少很多。裸沙容重较大，孔隙度较小，加上其表面积较小，导致蒸发量较小，蒸发速率也相对较慢。

10.4.2 生物结皮对凝结水形成和蒸发的影响

生物结皮中的生物成分和机械组成在凝结水形成过程中扮演了

重要的角色。其中，微生物和藻类植物组成了藻类结皮的生物成分部分，机械组成由粗砂粒和细砂粒向黏粉粒变化；地衣结皮的生物成分主要以地衣和微生物为主，机械组成较藻类结皮具有更好的粘连性；苔藓结皮的生物组分主要以苔藓植物为主，机械组成以细颗粒物为主。蓝藻结皮吸收高达 10 倍体积的水和 8～12 倍的干重（Campbell，1979；Verrecchia et al.，1995），当地衣结皮和苔藓结皮湿润时，可以扩大盖度和生物量高达 13 倍以上（Galun et al.，1982）。蓝藻结皮相对于地衣结皮和苔藓结皮是不容易堵塞毛孔，地衣结皮和苔藓结皮大到足以完全覆盖土壤孔隙（Belnap，2006）。随着生物结皮的发育，地表的粗糙度增大，这也表明生物结皮的表面积的增大。和藻类结皮相比，地衣和苔藓结皮具有更大的表面积，捕获凝结水的能力更强。当生物结皮吸收水分之后，生物成分开始出现膨胀的现象。通过这种现象降低生物结皮的孔隙度，使水分更多量并更长时间地保持在生物结皮中，也降低了水分蒸发的可能性（Verrecchia et al.，1995）。

10.4.3　不同荒漠生态系统生物结皮对凝结水影响的比较

张静等（2009）和 Liu 等（2006）的研究表明：在古尔班通古特沙漠地区和宁夏沙坡头地区，随着生物结皮的发育，凝结水量明显呈现增大的趋势。前者凝结水量比后者要小。在两种荒漠生态系统中，生物结皮对凝结水形成过程有着显著的影响，和前两个地区相同的是，均随着生物结皮的发育，凝结水量呈现增大的变化规律。分析凝结水的蒸发过程，我们发现凝结水在藻类结皮和裸沙表面停留的时间比地衣和苔藓结皮表面要长，这与尹瑞平等（2013）在毛乌素沙地南缘地区的研究结果相一致。Liu 等（2006）在宁夏沙坡头地区研究不同降雨量对水分蒸发作用的影响，结果表明，当降雨量较小时，生物结皮抑制水分蒸发作用表现为：藻类结皮＞地衣结皮＞苔藓结皮，而当降雨量较大的情况下，生物结皮抑制水分蒸发作用表现正好相反。我们将凝结水的形成过程当做一次较低降雨量的实验过程，凝结水在藻类结皮表面蒸发的时间最长，最短的是苔藓结皮。在不同荒漠生态系统中，凝结水形成和蒸发过程出现差异性变化，最主要的原因和不同研究区气象因素有直接的关系。

10.5 小结

（1）两种荒漠生态系统中四种类型地表日凝结水量、凝结水总量和平均凝结水量均表现出相同的变化规律，即裸沙＜藻类结皮＜地衣结皮＜苔藓结皮。另外，乌兰布和沙漠由于降雨量的稀少，导致凝结水分的三项指标均小于毛乌素沙地，地表对凝结水的利用情况良好，群落内水分条件也得到了改善。

（2）两种荒漠生态系统中凝结水的形成和蒸发的过程基本表现出一致的结论：所有类型地表从 19：00 开始出现地表凝结水，到 23：00 之前凝结水量明显增大，其中苔藓结皮增大的速率最大。过了 23：00 之后形成的凝结水量增量明显减少，只在地衣和苔藓结皮表面有少量新的凝结水形成。从凌晨 1：00 开始凝结水量又开始增大，到凌晨 5：00 之后形成凝结水的速度明显放缓。在首个观测时间（7：00—7：30）内，苔藓结皮表面继续有大量的凝结水形成，地衣结皮表面只有少量凝结水形成，而藻类结皮表面几乎没有形成凝结水。从第二个观测时间开始（7：30），所有类型地表凝结水开始出现蒸发现象，其中苔藓和地衣结皮蒸发速率较快，到最后两个观测时间（10：30—11：30）凝结水蒸发过程基本结束。另外，藻类结皮表面凝结水停留的时间最长，明显大于地衣和苔藓结皮。

（3）不同荒漠生态系统凝结水量变化趋势与空气相对湿度的昼夜大小变化相一致，与地表温度的昼夜高低变化相一致，与大气温度的昼夜高低变化相背离，与大气地表温度差值的变化趋势相一致。

第 11 章　结论、创新点、问题与不足

11.1　结论

本书以毛乌素沙地和乌兰布和沙漠两种不同荒漠生态系统为例，选不同优势群落内的藻类、地衣和苔藓结皮为研究对象，通过植被调查和室内试验相结合的方法，开展荒漠化地区生物结皮的分布特征的调查，并对当地土壤水分渗透、蒸发作用及凝结水形成过程影响的研究，能够为毛乌素沙地和乌兰布和沙漠中生物结皮的分布规律和土壤水分的有效利用提供理论基础，也能够更好地为沙区地表固定和植被恢复提供实践依据，为荒漠防护林建设和生态系统恢复做出应有的贡献。主要的研究结论如下：

（1）在毛乌素沙地，油蒿群落为优势群落，杨柴和花棒群落向油蒿群落演替；在乌兰布和沙漠，柽柳群落为优势群落，油蒿群落向柽柳群落演替。

（2）在两种荒漠生态系统中，生物结皮的类型分为藻类、地衣和苔藓结皮，其优势种分别为具鞘微鞘藻（Microcoleus vaginatus）、胶衣（Collema tenax）和拟双色真藓（Byum argenteum）。

在毛乌素沙地，植物覆被下和群落内优势种均为地衣结皮；在乌兰布和沙漠，植物覆被下生物结皮优势种为地衣结皮，在植物群落内优势种为藻类结皮。生物结皮厚度随距离植株根部的距离增大

而减小。在不同方向上生物结皮厚度的分布特征与植株的冠幅有关。常年主导风向显著影响着生物结皮厚度的分布特征。比较两种荒漠生态系统，毛乌素沙地生物结皮盖度和厚度均更大。

（3）生物结皮生物量的大小关系表现为：不同荒漠生态系统中，优势群落内生物结皮生物量更大；盐池生态站因为降雨量的较为丰富使其生物量比磴口地区大。苔藓结皮具有更好的理化性质，优势群落内生物结皮的理化性质更优秀。

（4）水分作为荒漠化地区制约植物生长最重要的因素之一，生物结皮的水文特征研究得到更多重视。生物结皮对水分渗透具有阻挡的作用，并且随着降雨量的增加，生物结皮阻水的能力在降低，湿润锋在增加，湿润锋的推进速度也在增加。另外，毛乌素沙地生物结皮阻挡水分渗透的能力比乌兰布和沙漠要强。Horton 模型能够更好地表现两种荒漠化地区的土壤水分入渗的特征，并且能够更好地描述研究区的水分入渗速度的过程。

生物结皮对水分蒸发的影响表现为：在较大降雨量（25 mm）条件下，生物结皮对水分蒸发有抑制作用，较小降雨量要根据不同类型生物结皮和不同立地条件来确定生物结皮对水分蒸发的作用。

随着生物结皮的发育，其凝结水量在增加。毛乌素沙地凝结水量要比乌兰布和沙漠好。不同荒漠生态系统凝结水量变化趋势与空气相对湿度的昼夜大小变化相一致，与地表温度的昼夜高低变化相一致，与大气温度的昼夜高低变化相背离，与大气地表温度差值的变化趋势相一致。

11.2　创新点

（1）本书以生物结皮为研究对象，比较其在不同荒漠生态系统中的分布和水文特征。研究结果表明，不同荒漠生态系统中生物结皮的分布和水文特征有着明显的差异，毛乌素沙地盐池地区生物结皮的分布和水文情况明显好于乌兰布和沙漠磴口地区，研究结果能够为两个地区防护林的建立提供可靠的帮助。

（2）常年主导风向对生物结皮分布特征的影响。研究结果表明，常年主导风向对生物结皮的分布有着显著的影响，迎风向生物结皮的分布比背风向更为集中在覆被下，侧风向生物结皮分布介于两者之间，这为荒漠化地区生物结皮和植物群落的营造提供理论依据。

11.3 问题与不足

首先，在生物结皮类型的鉴别上，没有很详细地进行区分。在研究区内，有的生物结皮处在伴生状态，由于肉眼的难以鉴别，生物结皮组成和结构复杂，实验的过程中可能会出现一定的误差。

其次，在对生物结皮分布特征的研究中，对生物结皮盖度和厚度的测量没有一个公认的实验方法，采取的方法有可能会有一定的误差。

再次，对两种荒漠生态系统的比较，只选择了盐池和磴口两个地区。尽管做了大量的野外调查，具有一定的代表性，但是要想表现两种荒漠生态系统还需要开展进一步的研究工作。

最后，全书采用对比的方法，局限性较强，又由于研究区、研究方法的不同，可能得出与前人不同的结论。

后 记

随着国家对生态环境问题的高度重视和人民群众的广泛关注，越来越多的专家学者把研究重点转移到生态环境改善方面来。我国作为全球荒漠化最严重的国家之一，干旱、半干旱地区恶劣的生态环境，严重制约着国民经济、构建和谐社会，以及全民脱贫攻坚的进程。生物结皮作为荒漠化地区改善生态环境的急先锋，可以通过恢复荒漠地表生物结皮的方式，固定沙地，增加沙生植物定居、萌发的可能性，有效地治理荒漠化生态环境，建立可持续的生态自然条件。

近几年来，运用生物科技，喷洒含有结皮生物成分的试剂用来固定沙地；研究生物结皮土壤呼吸、碳循环，力求找出生物结皮对荒漠生境的改善机理，这些都成为生物结皮的研究热点。不过，在改良沙地立地条件，改善荒漠生境的过程中，生物结皮的作用和功效还有待进一步发掘，合理利用生物结皮、草、灌、乔的合理搭配，并结合封育封林、退耕还林还草等有效手段，能够更有效地改善我国干旱、半干旱的恶劣环境条件。本书主要涉及水利学、生态学、荒漠化防治学、植物学、水土保持学、林学等多学科、多行业的相关知识，需要合理利用并互相融合，才能使生态环境恢复和改善达到最优化状态。

本书是对过去 8 年对生物结皮研究和实践的进一步总结，书中涉及的一些关于生物结皮分布、水文特征的研究方法和研究内容的照片，仅仅是以管窥天，无法全面总结全部的研究，希望通过本书抛砖引玉，为生物结皮研究者提供些许的帮助，更期望为荒漠生态环境改善尽一份绵薄之力。

著　者

2017 年 8 月

参考文献

[1] 阿不都拉•阿巴斯，艾尼瓦尔•吐米尔. 新疆古尔班通古特沙漠南缘土壤生物结皮中地衣植物物种组成和分布[J]. 新疆大学学报：自然科学版，2006，23（4）：379-383.

[2] 艾尼瓦尔•吐米尔，王玉良，阿不都拉•阿巴斯. 新疆准噶尔盆地南缘土壤生物结皮中地衣物种组成和分布[J]. 植物资源与环境学报，2006，15（3）：35-38.

[3] 边丹丹. 黄土丘陵区不同植被状况下土壤生物结皮对土壤生物学性质的影响[D]. 西北农林科技大学，2011.

[4] 陈荷生. 沙坡头地区生物结皮的水文物理特点及其环境意义[J]. 干旱区研究，1992，9（1）：31-38.

[5] 陈洪松，邵明安. 黄土区坡地土壤水分运动与转化机理研究进展[J]. 水科学进展，2003，14（4）：513-519.

[6] 陈兰周，刘永定，宋立荣. 微鞘藻胞外多糖在沙漠土壤成土中的作用[J]. 水生生物学报，2002，26（2）：155-159.

[7] 陈兰周，刘永定，李敦海，等. 荒漠藻类及其结皮的研究[J]. 中国科学基金，2003（2）：90-93.

[8] 陈荣毅，魏文寿，张元明，等. 干旱区生物土壤结皮对种子植物多样性的影响[J]. 中国沙漠，2008，28（5）：868-873.

[9] 陈亚宁，李卫红，张元明，等. 新疆古尔班通古特沙漠生物结皮在沙丘尺度的生态与环境解释[J]. 自然科学通报，2005，15（10）：1211-1216.

[10] 崔强. 毛乌素沙地不同生境条件下油蒿群落格局分析研究[D]. 北京林业大学，2012.

[11] 崔燕，吕贻忠，李保国. 鄂尔多斯沙地土壤生物结皮的理化性质[J]. 土壤，2004，36（2）：197-202.

[12] 董莉丽，郑粉莉. 黄土丘陵区不同土地利用类型下土壤酶活性和养分特征[J]. 生态环境，2008，17（5）：2050-2058.

[13] 范云涛，雷廷武，蔡强国. 湿润速度和累积降雨对土壤表面结皮发育的影响[J]. 土壤学报，2009，46（5）：764-772.

[14] 冯起，程国栋. 我国沙地水分分布状况及其意义[J]. 土壤学报，1999，36（2）：225-236.

[15] 傅华，陈亚明，王彦荣，等. 阿拉善主要草地类型土壤有机碳特征及其影响因素[J]. 生态学报，2004，24（3）：469-476.

[16] 付广军. 毛乌素沙地固沙林地土壤生物结皮效应研究[D]. 西北农林科技大学，2011.

[17] 高丽倩，赵允格，秦宁强，等. 黄土丘陵区生物结皮对土壤物理属性的影响[J]. 自然资源学报，2012，27（8）：1316-1326.

[18] 高天鹏，王春燕，张勇，等. 播种深度和土壤水分对黄花补血草种子萌发的影响[J]. 中国沙漠，2009，29（3）：529-535.

[19] 弓成，温存. 宁夏盐池平沙地主要植物群落土壤水分季节动态[J]. 水土保持通报，2008，28（3）：39-43.

[20] 国际林业局. 第四次中国荒漠化和沙化状况公报，2011.

[21] 郭轶瑞，赵哈林，赵学勇，等. 科尔沁沙地结皮发育对土壤理化性质影响的研究[J]. 水土保持学报，2007，21（1）：135-139.

[22] 郭轶瑞，赵哈林，左小安，等. 科尔沁沙地沙丘恢复过程中典型灌丛下结皮发育特征及表层土壤特性[J]. 环境科学，2008，29（4）：1027-1035.

[23] 郭占荣，刘建辉. 中国干旱半干旱地区土壤凝结水研究综述[J]. 干旱区研

究，2005，22（4）：576-580.

[24] 何芳兰，李治元，赵明，等. 民勤绿洲盐碱化退耕地植被自然演替及土壤水分垂直变化研究[J]. 中国沙漠，2010，30（6）：1374-1380.

[25] 胡春香，刘永定，宋立荣，等. 半荒漠藻结皮中藻类的种类组成和分布[J]. 应用生态学报，2000，11（1）：61-65.

[26] 胡春香，刘永定. 土壤藻生物量及其在荒漠结皮的影响因子[J]. 生态学报，2003，23（2）：284-291.

[27] 胡春香，张德禄，刘永定. 干旱区微小生物结皮中藻类研究的新进展[J]. 自然科学进展，2003，13（8）：791-795.

[28] 胡雅琴. 国内最近 5 年藻类研究进展[J]. 陕西师范大学学报：自然科学版，2004（32）：131-135.

[29] 贾宝全，张红旗，张志强，等. 甘肃省民勤沙区土壤结皮理化性质研究[J]. 生态学报，2003，23（7）：1442-1449.

[30] 姜汉侨，段昌群，杨树华，等. 植物生态学[M]. 北京：高等教育出版社，2004.

[31] 康金花，关桂兰，郭沛新，等. 陆生固氮蓝藻对土壤环境的影响[J]. 干旱区研究，1998，15（3）：30-33.

[32] 李柏，高甲荣，崔强，等. 油蒿、羊柴和花棒下生物结皮阻水特性分析[J]. 水土保持研究，2011，18（4）：136-139.

[33] 李守中，肖洪浪，宋耀选，等. 腾格里沙漠人工固沙植被区生物土壤结皮对降水的拦截作用[J]. 中国沙漠，2002，22（6）：612-616.

[34] 李守中，肖洪浪，李新荣，等. 干旱、半干旱区微生物结皮土壤水文学的研究进展[J]. 中国沙漠，2004，24（4）：500-506.

[35] 李守中，肖洪浪，罗芳，等. 沙坡头植被固沙区生物结皮对土壤水文过程的调控作用[J]. 中国沙漠，2005，25（2）：228-233.

[36] 李卫红，任天瑞，周智彬，等. 新疆古尔班通古特沙漠生物结皮的土壤

理化性质分析[J]. 冰川冻土，2005，27（4）：619-626.

[37] 李新荣. 毛乌素沙地荒漠化与生物多样性的保护[J]. 中国沙漠，1997，20（3）：59-61.

[38] 李新荣，张景光，王新平，等. 干旱沙漠区土壤微生物结皮及其对固沙植被影响的研究[J]. 中国沙漠，1999（19）：165-169.

[39] 李新荣，张景光，王新平，等. 干旱沙漠区土壤微生物结皮及其对固沙植被影响的研究[J]. 植物学报，2000，42（9）：965-970.

[40] 李新荣，张景光，刘立超，等. 我国干旱沙漠地区人工植被与环境演变过程中植物多样性的研究[J]. 植物生态学报，2000，24（3）：257-261.

[41] 李新荣，谭会娟，何明珠，等. 阿拉善高原灌木种的丰富度和多度格局对环境因子变化的响应：极端干旱荒漠地区灌木多样性保育的前提[J]. 中国科学：D 辑，2009，39（4）：504-515.

[42] 李新荣，贾玉奎，龙利群，等. 干旱半干旱区地区土壤微生物结皮的生态学意义及若干研究进展[J]. 中国沙漠，2001，21（1）：4-11.

[43] 凌裕泉，屈建军，胡玟. 沙面结皮形成于微环境变化[J]. 应用生态学报，1993，4（4）：393-398.

[44] 凌丽俐. 藻类对土壤肥力的影响[J]. 四川大学学报：自然科学版，2003，40（1）：135-138.

[45] 刘昌明，王会肖. 土壤-作物-大气界面水分过程和节水调控[M]. 北京：科学出版社，1999.

[46] 刘法. 毛乌素沙地油蒿格局分析及对地表结皮的影响[D]. 北京林业大学，2012.

[47] 刘建，张克斌，孟力猛，等. 盐池不同保护及恢复措施对植物多样性的影响[J]. 水土保持研究，2010，17（6）：181-185.

[48] 刘立超，冯金朝，肖洪浪. 沙坡头地区土壤水分吸湿凝结的动态观测与理论计算[J]. 中国沙漠，1998，18（1）：10-15.

[49] 刘立超，李守中，宋耀选，等. 沙坡头人工植被区微生物结皮对地表蒸发影响的试验研究[J]. 中国沙漠，2005，25（2）：191-195.

[50] 刘丽燕，吾尔妮莎·沙衣丁，阿不都拉·阿巴斯. 荒漠化地区生物结皮的研究进展[J]. 菌物研究，2005，3（4）：26-29.

[51] 刘拓，张克斌，林琼. 中国土地荒漠化防治策略[M]. 北京：中国林业出版社，2006.

[52] 刘新民，赵哈林，赵爱芬. 科尔沁沙地风沙环境与植被[M]. 北京：科学出版社，1996.

[53] 刘元波，陈荷生，等. 沙地降水人渗水分动态[J]. 中国沙漠，1995，15（2）：143-150.

[54] 梁少民，张希明，曾凡江，等. 沙漠腹地乔木状沙拐枣对灌水量的生理生态响应[J]. 中国沙漠，2010，30（6）：1348-1353.

[55] 吕贻忠，杨佩国. 荒漠结皮对土壤水分状况的影响[J]. 干旱区资源与环境，2004，18（2）：76-79.

[56] 卢琦，杨有林，贾敬敦，等. 中国沙情[M]. 北京：开明出版社，2000.

[57] 马维伟. 兰州北山侧柏人工林地土壤水分物理特征研究[D]. 甘肃农业大学，2008：31-33.

[58] 孟杰，卜崇峰，赵玉娇，等. 陕北水蚀风蚀交错区生物结皮对土壤酶活性及养分含量的影响[J]. 自然资源学报，2010，25（11）：1864-1874.

[59] 聂华丽，张元明，吴楠，等. 生物结皮对 5 种不同形态的荒漠植物种子萌发的影响[J]. 植物生态学报，2009，33（1）：161-170.

[60] 彭少麟，周后诚，陈天杏，等. 广东森林群落的组成结构数量特征[J]. 植物生态学与地植物学学报，1989，13（1）：10-17.

[61] 齐雁冰，常庆瑞，惠泱河. 高寒地区人工植被恢复过程中沙表生物结皮特性研究[J]. 干旱地区农业研究，2006，24（6）：98-102.

[62] 邵玉琴，赵吉. 不同固沙区结皮中微生物生物量和数量的比较研究[J]. 中

国沙漠，2004，24（1）：68-71.

[643] 宋阳，严平，张宏，等. 荒漠生物结皮研究中的几个问题[J]. 干旱区研究，2004，21（4）：439-443.

[64] 苏延桂，李新荣，张景光，等. 生物土壤结皮对土壤种子库的影响[J]. 中国沙漠，2006，26（6）：997-1001.

[65] 苏延桂，李新荣，陈应武，等. 生物土壤结皮对荒漠土壤种子库和种子萌发的影响[J]. 生态学报，2007，27（3）：938-946.

[66] 唐泽军，雷廷武，张晴雯，等. 雨滴溅蚀和结皮效应对土壤侵蚀影响的试验研究[J]. 土壤学报，2004，41（4）：632-636.

[67] 陶照堂. 风沙流对生物结皮的冲击破坏研究[D]. 兰州大学，2012.

[68] 王翠萍，廖超英，孙长忠，等. 黄土地表生物结皮对土壤贮水性能及水分入渗特征的影响[J]. 干旱地区农业研究，2009，27（4）：54-59.

[69] 王翠萍. 黄土地表藻类结皮的土壤水分效应研究[D]. 西北农林科技大学，2009.

[70] 王蕙. 封育措施对退化沙质草地植被特征与土壤理化因子的影响研究[D]. 甘肃农业大学，2013.

[71] 王继和，马全林. 民勤绿洲人工梭梭林退化现状：特征与恢复对策[J]. 西北植物学报，2003，23（2）：2107-2122.

[72] 王帅，陈海滨，邱国玉. 干旱区若干水文过程研究进展[J]. 水资源与水工程学报，2008，19（3）：32-37.

[73] 王炜，刘钟龄，郝敦元，等. 内蒙古草原退化群落恢复演替的研究：恢复演替时间进程的分析[J]. 植物生态学报，1996，20（5）：460-471.

[74] 王新平，康尔泗，李新荣，等. 土壤质地和初始含水量对水平入渗过程影响的试验研究[J]. 地球科学进展，2003，18（4）：592-596.

[75] 王新平，肖洪浪. 荒漠地区生物土壤结皮的水文物理特征分析[J]. 水科学进展，2006，17（5）：593-598.

[76] 魏江春. 沙漠生物地毯工程——干旱沙漠治理的新途径[J]. 干旱区研究，2005，22（3）：287-288.

[77] 吴波，慈龙骏. 五十年代以来毛乌素沙地荒漠化扩展及其原因[J]. 第四纪研究，1998，（2）：165-172.

[78] 吴波. 沙质荒漠化土地景观分类与制图——以毛乌素沙地为例[J]. 植物生态学报，2000，24（1）：52-57.

[79] 吴楠，潘伯荣，张元明，等. 古尔班通古特沙漠生物结皮中土壤微生物垂直分布特征[J]. 应用与环境生物学报，2005，11（3）：349-353.

[80] 吴楠，张元明，王红玲，等. 古尔班通古特沙漠生物结皮固氮活性[J]. 生态学报，2007，27（9）：3785-3793.

[81] 吴鹏程. 苔藓植物生物学[M]. 北京：科学出版社，1998.

[82] 吴发启，范文波. 土壤结皮对降水入渗和产流产沙的影响[J]. 中国水土保持科学，2005，3（2）：97-101.

[83] 吴玉环，高谦. 生物土壤结皮的生态功能[J]. 生态学杂志，2002，21（4）：41-46.

[84] 吴玉环，高谦，于兴华. 生物土壤结皮的分布影响因子及其监测[J]. 生态学杂志，2006，22（3）：38-42.

[85] 肖波，赵永格，邵明安. 陕北水蚀风蚀交错区两种生物结皮对土壤理化性质的影响[J]. 生态学报，2007，27（11）：4642-4670.

[86] 肖洪浪，李新荣，段争虎，等. 流沙固定过程中土壤-植被演变对水环境的影响[J]. 土壤学报，2003，40（6）：809-814.

[87] 肖洪浪，李守中，罗芳，等. 干旱区生物防沙工程的生态水文学研究[J]. 中国治沙暨沙产业研究——庆贺中国治沙暨沙业学会成立 10 周年（1993—2003）学术论文集[C]. 2003：83-87.

[88] 徐杰，白学良，杨持，等. 固定沙丘结皮层藻类植物多样性及固沙作用研究[J]. 植物生态学报，2003，27（4）：545-551.

[89] 徐杰，宁远英. 科尔沁沙地持续放牧和不同强度放牧后封育草场中生物结皮生物量和土壤因子的变化[J]. 中国沙漠，2010，30（4）：824-830.

[90] 徐杰，默原，朱清芳. 科尔沁沙地生物结皮藻类的组成及生物量的变化规律[J]. 贵州师范大学学报：自然科学版，2010，28（4）：113-117.

[91] 薛英英，闫德仁，李钢铁. 鄂尔多斯地区沙漠生物结皮特征研究[J]. 内蒙古农业大学学报，2007，28（2）：102-105.

[92] 闫德仁，薛英英，韩凤杰，等. 沙漠生物土壤结皮国外研究概况[J]. 内蒙古林业科技，2007，33（1）：39-44.

[93] 闫德仁. 库布齐沙漠生物结皮层的肥岛特征研究[D]. 内蒙古农业大学，2008.

[94] 闫德仁. 沙漠生物结皮对维管植物养分吸收的影响[J]. 干旱区资源与环境，2009，23（10）：177-181.

[95] 闫玉春，唐海萍. 围栏禁牧对内蒙古典型草原群落特征的影响[J]. 西北植物学报，2007，27（6）：1225-1232.

[96] 杨洪晓，张金屯，吴波，等. 油蒿对半干旱区沙地生境的适应及其生态作用[J]. 北京师范大学学报：自然科学版，2004，40（5）：684-690.

[97] 杨建振. 陕北毛乌素沙地生物结皮的土壤水分效应及其人工培育技术初探[D]. 西北农林科技大学，2010.

[98] 杨晓晖，张克斌，赵云杰. 生物土壤结皮——荒漠化地区研究的热点问题[J]. 生态学报，2001，21（3）：474-480.

[99] 杨秀莲，张克斌，曹永翔. 封育草地土壤生物结皮对水分入渗与植物多样性的影响[J]. 生态环境学报，2010，19（4）：853-856.

[100] 杨玉盛，何宗明，邱仁辉，等. 严重退化生态系统不同恢复与重建措施的植物多样性与地力差异研究[J]. 生态学报，1999，19（4）：490-494.

[101] 尹瑞平，吴永胜，张欣，等. 毛乌素沙地南缘沙丘生物结皮对凝结水形成和蒸发的影响[J]. 生态学报，2013，33（19）：6173-6180.

[102] 张丙昌，张元明，赵建成. 古尔班通古特沙漠生物结皮藻类的组成和生态分布研究[J]. 西北植物学报，2005，25（10）：2048-2055.

[103] 张丙昌，张元明，赵建成，等. 古尔班通古特沙漠生物结皮不同发育阶段中藻类的变化[J]. 生态学报，2009，29（1）：9-17.

[104] 张继贤，邸醒民，王淑湘. 沙坡头地区防护体系建立过程中生态环境变化的特点[J]. 干旱区资源与环境，1994，8（3）：68-79.

[105] 张金屯. 植被数量生态学方法[M]. 北京：中国科学技术出版社，1995.

[106] 张金屯. 数量生态学[M]. 北京：科学出版社，2004.

[107] 张锦春，赵明，廖空太，等. 民勤绿洲边缘荒漠植被滴灌恢复试验研究[J]. 中国沙漠，2007，27（1）：94-98.

[108] 张静，张元明，周晓兵，等. 生物结皮影响下沙漠土壤表面凝结水的形成与变化特征[J]. 生态学报，2009，29（12）：6600-6608.

[109] 张军红. 毛乌素沙地油蒿植冠下生物结皮分布特征及影响因素研究[D]. 中国林业科学研究院，2010.

[110] 张军红，吴波，贾子毅，等. 毛乌素沙地油蒿植冠下生物结皮分布特征及其影响因素研究[J]. 林业科学研究，2010，23（6）：866-871.

[111] 张军红，吴波，杨文斌，等. 不同演替阶段油蒿群落土壤水分特征分析[J]. 中国沙漠，2012，32（6）：1597-1603.

[112] 张军红. 毛乌素沙地油蒿群落土壤水分分布与动态[D]. 北京：中国林业科学研究院，2013.

[113] 张侃侃，卜崇峰，高国雄. 黄土高原生物结皮对土壤水分入渗的影响[J]. 干旱区研究，2011，28（5）：808-812.

[114] 张元明，潘惠霞，潘伯荣. 古尔班通古特沙漠不同地貌部位生物结皮的选择性分布[J]. 水土保持学报，2004，18（4）：61-64.

[115] 张元明，杨维康. 生物结皮影响下的土壤有机质分异特征[J]. 生态学报，2005，25（12）：3420-3425.

[116] 张元明. 准格尔荒漠生物结皮研究[M]. 北京：科学出版社，2008：1-30.

[117] 张元明，王雪芹. 准噶尔荒漠生物结皮研究[M]. 北京：科学出版社，2009.

[118] 张元明，王雪芹. 荒漠地表生物土壤结皮形成与演替特征概述[J]. 生态学报，2010，30（16）：4484-4492.

[119] 张志山，何明珠，谭会娟，等. 沙漠人工植被区生物结皮类土壤的蒸发特性——以沙坡头沙漠研究试验站为例[J]. 土壤学报，2007，44（3）：404-410.

[120] 赵吉，邵玉琴. 库布齐沙地土壤的生物学活性研究[J]. 内蒙古大学学报：自然科学版，1997，28（5）：664-666.

[121] 赵儒林，洪必恭，高兆杉，等. 植物生态学概要[M]. 南京：江苏科学技术出版社，1983：245-248.

[122] 赵西宁，吴发启. 土壤水分人渗的研究进展和评述[J]. 西北林学院学报，2004，19（1）：42-45.

[123] 赵允格，许明祥，王全九，等. 黄土丘陵区退耕地生物结皮对土壤理化性状的影响[J]. 自然资源学报，2006，21（3）：441-448.

[124] 赵允格，许明祥，王全九，等. 黄土丘陵区退耕地生物结皮理化性状初报[J]. 应用生态学报，2006，17（8）：1429-143.

[125] 赵哲光. 毛乌素沙地及乌兰布和沙漠油蒿群落特征和生物多样性研究[D]. 北京林业大学，2011.

[126] 赵遵田，鲁艳芹. 山东鲁山苔藓植物的研究[J]. 山东科学，1998，11（2）：43-44.

[127] 郑纪勇，邵明安，张兴昌. 黄土区坡面表层土壤容重和饱和导水率空间变异特征[J]. 水土保持学报，2004，18（3）：53-56.

[128] 郑云普，赵建成，张丙昌，等. 新疆古尔班通古特沙漠生物结皮层鲜类物种多样性及适应性研究[J]. 安徽农业科学，2009，37（1）：316-319.

[129] 周丽芳，阿拉木萨. 生物结皮发育对地表蒸发过程影响机理研究[J]. 干旱

区资源与环境，2011，25（4）：193-200.

[130] 周志宇，颜淑云，秦彧，等. 阿拉善干旱荒漠区灌木多样性的特点[J]. 干旱区资源与环境，2009，23（9）：146-150.

[131] Andrew S Pullin. Conservation Biology[M]. 贾竞波，译. 北京：高等教育出版社，2005.

[132] McNeely J A. et al. 保护世界的生物多样性[M]. 李文军，等，译[M]. 北京：中国科学技术出版社，1990.

[133] Abrahams A D. Geomorphology of Desert Environments [M]. Chapman & Hall，London，1994：506-535.

[134] Abaturov B D. Alteration of small relief forms of the hydrophysical properties of heavy loam soils in the semidesert zone by grazing[J]. Eurasian Soil Science，1993（25）：17-28.

[135] Ahmad N，Robilin A J. Crusting of river state soil in Trinidad and its effect on gaseous diffusion，percolation and seeding emergemce[J]. Soil Sci. J，1971（22）：23-31.

[136] Anderson D C，Harper K T，Rushforth，S R. Recovery of cryptogamic soil crust from grazing in Utah deserts[J]. Journal of Range Management，1982（35）：355-359.

[137] Berndtsson R，Chen H. Variability of soil water content along a transect in a desert area[J]. Journal of Arid Enviroment，1994（27）：127-139.

[138] Berndtsson R，Ncdomi K. Soil water and temperature patterns in an arid desert dune sand[J]. Journal of Hydrology，1996（185）：221-240.

[139] Belnap J. Recovery rates of cryptobiotic crusts：inoculant use and assessment methods[J]. Great Basin Naturalist，1993，53（1）：89-95.

[140] Belnap J，Gardener J S. Soil microstructure in soil of the Colorado Plateau：the role of the cyanobacterium microcoleus vaginatus[J]. Great Basin Nat，

1993（53）：40-47.

[141] Belnap J，Warren S D. Measuring restoration success：a lesson from Paton's tank tracks[J]. Ecol Bull，1994（79）：33.

[142] Belnap J. Surface disturbances：their role in accelerating desertification[J]. Environ Mon Assess，1995（37）：39-57.

[143] Belnap J，GiIlette D A. Vulnerability of desert biological soil crusts to wind erosion：the influences of crust development，Siol texture，and disturbance[J]. Journal of Arid Environments，1998（39）：133-142.

[144] Belnap J，Lange O L. Biological soil crusts：Structure，function，and management[J]. Germany Beriin，Springer Verlag，2001：3.

[145] Belnap J. Nitrogen fixation in biological soil crusts from southeast Utah，USA [J]. Biology and Fertility of soils，2002（35）：128-135.

[146] Belnap J，Lange O L. Structure and functioning of biological soil crust：a synthesis. In：Belnap，J. ，Lange，O. L. （Eds. ），Biological Soil Crust：Structure，Function and Management[C]. Springer，Berlin，2003.

[147] Belnap J. Microbes and microfauna associated with biological soil crusts[J]. In Biological Soil Crusts：Structure，Function，and Management，Belnap J，Lange OL（eds）. Springer-Verlag：Berlin，2003：167-174.

[148] Belnap J，Welter J R，Grimm N B，et al. Linkages between microbial and hydrologic processes in arid and semiarid watersheds[J]. Ecology，2005（86）：298-307.

[149] Beymer R J，Klopatek J M. Potential contribution of carbon by microphytic crusts in Pinyon-Juniper woodlands[J]. Arid Soil Research Rehabilitation，1991（5）：187-198.

[150] Billings S A，Schaeffer S M，Evans R D. Nitrogen fixation by biological soil crusts and heterotrophic bacteria in an intact Mojave Desert ecosystem with

elevated CO_2 and added soil carbon. Soil Biol Biochem，2003（35）：643-649.

[151] Bisdom E B A，Dekker L W，Schoute J F T. Water repellency of sieve fractions from sandy soils and relationships with organic material and soil structure[J]. Geoderma，1993（56）：105-118.

[152] Blackburn W H. Factors influencing infiltration and sediment production of semiarid rangelands in Nevada[J]. Water Resources Research，1975（11）：929-937.

[153] Bond R D，Harris J R. The influence of the microflora on physical properties of soils. I. Effects associated with filamentous algae and fungi[J]. Australian Journal of Soil Research，1964（2）：111-122.

[154] Booth W E. Algae as pioneers in plant succession and their importance in erosion control[J]. Ecology，1941（22）：38- 46.

[155] Brotherson J D，Rushforth S B，Johansen J R. Influence of cryptogamic crusts on moisture relationships of soils in Navajo national monument，Arizona[J]. Great Basin Naturalist，1983（43）：7-78.

[156] Cameron R E，Fuller R H. Nitrogen fixation by some soil algae in Arizona[J]. Soil Science Society of America Proceedings，1960（24）：353-356.

[157] Campbell S E. Soil stabilization by a prokaryotic desert crust：implications for Precambrian land biota[J]. Origins of Life，1979（9）：335-348.

[158] Campbell S E，Seeler J，Golubic S. Desert crust formation and soil stabilization[J]. Arid soil Res. and Rehab. J，1989（3）：217-228.

[159] Chen Y N，Wang Q，Li W H， et al. Microbiotic crusts and their interrelations with environmental factors in the Gurbantonggut desert，western China [J]. Environ Geol，2007（52）：691-700.

[160] Chen Y J. Tarchitzky J. Brouwer J，et al. Scanning electron microscope observations on soil crust and their formation[J]. Soil Sci.，1980（130）：

49-55.

[161] Danin A，Baror Y，Dor I，et a1. The role of cyanobactefia in stabilization of sand dunes in southern Israel [J]. Ecologia Mediterranea，1989（15）：55-64.

[162] Danin A. Plants of Desert Dunes[M]. Springer-Verlag，Berlin，1996.

[163] David J，Eldridge D J，Leys J F. Exploring some relationships between biological soil crusts，soil aggregation and wind erosion[J]. Journal of Arid Environment，2003，53（4）：457-466.

[164] Dekker L W，Jungerius P D. Water repellency in the dunes with special reference to the Netherlands dunes of the European coasts[J]. Catena Supplement，1990（18）：173-183.

[165] Dobrowolski J P，Williams J D. Effects of disturbance by tracked vehicles on wind and water erosion，Prepared for US Department of Agriculture，Shrub Science Lab，Utah State University[J]. Provo，Logan，UT，1994.

[166] Dougill A J，Thomas A D. Kalahari sand soils：spatial heterogeneity，Microbiotic soil crusts and land degradation[J]. Land Degrad，2004（15）：233-242.

[167] Duan Z H，Xiao H L，Li X R，et al. Evolution of soil properties on stabilized sands in the Tengger Desert，China[J]. Geomorphology，2004（59）：237-246.

[168] Dulieu D，Gaston A，Darley J. La dégradation des pâturages de la région de N'Djamena（République du Tchad） en relation avec la présence de Cyanophycées psammophiles[J]. Etude préliminaire. Rev. Elev. Méd. Vét. Pays Trop，1977（30）：181-190.

[169] Eldridge D J. Cryptogams，vascular plants，and soil hydrological relations：some preliminary results from the semiarid woodlands of eastern Australia[J]. Great Basin Naturalist，1993，（53）：48-58.

[170] Eldridge D J. Cryptogam Cover and Soil Surface Condition：Effects on

Hydrology on a Semiarid Woodland Soil[J]. Arid Soll Research and Rehabilitation，1993（7）：203-217.

[171] Eldridge D J, Greene R S B. Microbiotic soil crusts: a review of their roles in soil and ecological Processes in the rangelands of Australia[J]. Australian Journal of soil Research，1994（32）：389-415.

[172] Eldridge D J，Kinnell P I A. Assessment of erosion rates from microphyte-dominated calcareous soils under rain-impacted flow[J]. Australian Journal of Soil Research，1997（35）：475-489.

[173] Eldridge D J，Tozer M E，Slangen S. Soil hydrology is independent of microphytic crust cover：further evidence from a wooded semiarid Australian rangeland[J]. Arid Soil Research and Rehabilitation，1997（11）：113-126.

[174] Eldridge D J，Rosentreter R. Morphological groups：a framework for monitoring microphytic crusts in arid landscapes[J]. Arid. Env., 1999, 41(1): 11-25.

[175] Eldridge D J，Zaady E，Shachak M. Infiltration through three contrasting biological soil crusts in patterned landscapes in the Negev，Israel[J]. Catena，2000（40）：323-336.

[176] Eldridge D J，Leys J F. Exploring some relationships between biological soil crusts，soil aggregation and wind erosion[J]. J. Arid. Environ，2003（53）：457-466.

[177] Epstain E，W J Grant. Soil crust formation as affected by raindrop impact，pp.195-201，In L. A. ，Hadas（de. ）Ecological studies，Vol，4，physical aspects of soil water and salts in ecosystems，Spring-Verlay，New York，1973.

[178] Evans R D，Ehleringer J R . Water and nitrogen dynamics in an arid woodland[J]. Oecologia，1994（99）：233-242.

[179] Evans R D，Lange O L. Biological soil crusts and ecosystem N and C dynamics/ Belnap J，Lange O，eds. Biological soil Crusts：Structure，Function and Management[C]. Berlin：Springer，2001：263-279.

[180] Ezcurra，E. ，Global Deserts Outlookf[M]. Nairobi：UNEP，2006.

[181] Fang H Y，Cai Q G，Chen H， et al. Mechanism of formation of physical soil crust in desert soils treated with straw checkerboards[J]. Soil& Tillage Research，2007（93）：222-230.

[182] Faust W F. The effect of algal-mold crusts on the hydrologic processes of infiltration，runoff，and soil erosion under simulated conditions[J]. Master of Science，Department of Watershed Management，University of Arizona，Tucson，AZ，1970.

[183] Feng J Z，Liu L C，Xiao H L，et al. Dynamic measurement and theoretical calculation on water absorption and condensation of sandy soil in Shapotou region[J]. Journal of Desert Research，1998，18（1）：12-17.

[184] Fletcher J E，Martin W P. Some effects of algae and molds in the rain-crust of desert soils[J]. Ecology，1948（29）：95-100.

[185] Galun M，Bubrick P，Garty J. Structural and metabolic diversity of two desert-lichen populations[J]. Journal of the Hattori Botanical Laboratory，1982（53）：321-324.

[186] Garner W，Steinberger Y. Aproposed mecdanism for the formation off ertile islandsin the desert ecosystem[J]. Journal of Arid Environment，1989，16（3）：257-262.

[187] Garratt J R，Segal M. On the contribution of atmospheric moisture to dew formation[J]. Boundary Layer Meteorology，1988，45（3）：209-236.

[188] Gill B S，Jalota S K. Evaporation from soil in relation to residue rate，mixing depth，soil texture and evaporativity[J]. Soil Technology，1996，8（4）：

293-301.

[189] Goward T，Goffinet B，Vitikainen O. Synopsis of the genus Peltigera（lichenized Ascomycetes） in British Columbia，with a key to the North American species[J]. C. J. B，1994（73）：91-111.

[190] Graetz RD，Tongway D J. Influence of grazing management on vegetation，soil structure and nutrient distribution and the infiltration of applied rainfall in a semi-arid chenopod shrubland[J]. Australian Journal of Ecology，1986（11）：347-360.

[191] Greene R S B，Tongway D J. The significance of（surface） physical and chemical properties in determining soil surface condition of red earths in rangelands[J]. Australian Journal of Soil Research，1989（27）：213-225.

[192] Greene R S B，Chartres C J，Hodgkinson K C. The effects of fire on the soil in degraded sem-aridwoodland. I. Cryp togam coverand physical and micro-morphological properties[J]. Australian Journal of Soil Research，1990（28）：755-777.

[193] Gundlapally S R，Garcia-Pichel F. The community and phylogenetic diversity of biological soil crusts in the Colorado plateau studied by molecular fingerprinting and intensive cultivation [J]. Microbial Ecology，2006（52）：345-357.

[194] Guo Y R，Zhao H L，Zuo X A， et al. Biological soil crust development and its topsoil properties in the process of dune stabilization，Inner Mongolia，China[J]. Environ Geol，2008（54）：653-662.

[195] Hansen E S. Vertical distribution of lichens on the mountain，Aucellabjerg，northeastern Greenland[J]. Arct Alp Res.，1996（28）：111-117.

[196] Harper K T，St. Clair L L. Cryptogamic soil crusts on arid and semiarid rangelands in Utah：effects on seedling establishment and soil stability[J].

BLM Contract No. BLM AA 851-CTI-48. Department of Botany and Range Science，Brigham Young University，Provo，UT，1985.

[197] Harper K T，Marble J S. A role for nonvascular plants in management of arid and semiarid rangelands[J]. In：Tueller，P. T. （ed）. Vegetation science applicat for rangeland analysis and management[C]. Boston：Kluwer Academic Publishers，Dordrecht，1988：135-169.

[198] Harper K T，Pendleton R L. Cyanobacteria and cyanolichens：can they enhance availability of essential minerals for higher plants [J]. Great Basin Naturalist，1993，53（1）：59-72.

[199] Hawkes C V，Flechtner V R. Biological soil crusts in a xeric Florida shrub land：compositionabundance，and spatial heterogeneity of crusts with different disturbance histories [J]. Microb Ecol，2002（43）：1-12.

[200] Hillel D. Environmental Soil Physics[M]. London：Academic Press，1998：410-414.

[201] H Liu，T W Lei，J Zhao，et al. Effects of rainfall intensity and antecedent soil water content on soil infiltrability under rainfall conditions using the run off-on-out method[J]. Journal of Hydrology，2011（396）：24-32.

[202] Jafari M，Tavili A，Zargham N， et al. Comparing some properties of crusted and uncrusted soils in Alagol region of Iran[J]. Pak J Nutr，2004（3）：273-277.

[203] Li C H，Ma C L. Soil cover with organic mulch and its influences on soil physical parameters Ⅱ. Change of soil porosity under organic mulch cover[J]. Trans CSAE，1997，13（2）：82-85.

[204] Li X R，Jia X H，Long L Q， et al. Effects of biological soil crusts on seed bank，germination and establishment of two annual plant species in the Tengger Desert（N China）[J]. Plant and Soil，2005，277（122）：375-385.

[205] Li X R，Tian F，Jia R L，et al. Do biological soil crusts determine vegetation changes in sandy deserts？ Implications for managing artificial vegetation[J]. Hydrol. Process，2010（24）：3621-3630.

[206] Li X R，Wang X P，Li T，et al. Microbiotic soil crust and its effect on vegetation and habitat on artificial stabilized desert dunes in Tengger Desert，North China[J]. Biology and Fertility of Soils，2002（35）：147-154.

[207] Johansen，J R，Rayburn W R. Effects of rangefire on soilcryptogamic crusts[J]. In：Baumgartner，D. M. ；Breuer，D. W. ；Zamora，B. A. ；[and others] comps. Proceedings-symposium on prescribed fire in the Intermountain Region：forest site preparation and range improvement. Pullman，Wa：Washington State University，1989：107-109.

[208] Johansen J R. Cryptogamic crusts of semiarid and arid lands of North America[J]. J. Phyco1. ，1993（29）：140-147.

[209] Jayne B，Susan L P，Stanley D S. Dynamics of cover，U V-protective pigments，and quantum yield in biological soil crust communities of an undisturbed Mojave Desert shrubland[J]. Flora，2007（202）：674-686.

[210] Kaltencker J H，Wicklow-Howard M，Pellant M. Biological soil crusts：Natural barriers to Bromus tectorum L. establishment in the northern Great Basin，USA[C]// Eldridge D H. Proceedings of the Ⅵ International Rangeland Congress. Queensland：Aitkenvale，1999：222-226.

[211] Kidron G J，Yair A. Rainfall-runoff relationship over encrusted dune surfaces，Nizzana，Western Negev，Israel[J]. Earth Surface Processes and Landforms，1997（22）：1169-1184.

[212] Kidron G J. Causes of two patterns of lichen zonation on cobbles in the Negev Desert[J]. Israel Lichenologist，2002，34（1）：71-80.

[213] Kinnell P I A，Chartres C J，Watson C L. The effects of fire on the soil in a

degraded semiarid woodland. II. Susceptibility of the soil to erosion by shallow rain-impacted flow[J]. Aust. J. Soil Res.，1990（28）：755-777.

[214] Kleiner E F，Harper K T. Environment and community organization in grasslands of Canyonlands National Park[J]. Ecology，1972，53（2）：299-309.

[215] Kleiner E F，Harper K T. Soil Properties in relation to cryptogamic ground cover in Canyonlands National Park [J]. J. Range Manage.，1977（30）：203-205.

[216] K. V Krishna Mersey. Biodiversity Tutorial[M]. Beijing，Chemieal Industry Press，2006.

[217] Lange O L，Kidron G J，Budel B，et al. Taxonomic composition and photosynthetic characteristics of the biological soil crusts covering sand dunes in the Western Negev Desert[J]. Functional Ecology，1992（6）：519-527.

[218] Leys J F，Eldridge D J. Influence of cryptogamic crust disturbance towind erosion on sand and loam rangeland soils[J]. Earth Surface Processesand Landforms，1998（23）：963-974.

[219] Li X R，Zhang J G，Wang X P. Study on soil microbiotic crust and its influences on sand fixing vegetation in arid desert region[J]. Acta Botanica Sinica，2000，42（9）：965-970.

[220] Li X R，Wang X P，Li T，et al. Microbiotic soil crust its effect on vegetation and habitat on artificial stabilized desert dunes in Tengger Desert，North China[J]. Biol Fertil Soil，2002（35）：147-154.

[221] Liu L C，Li S Z，Duan Z H，et al Effects of microbiotic crusts on dew deposition in the restored vegetation area at Shapotou，northwest China[J]. Journal of Hydrology，2006，328（1/2）：331-337.

[222] Loope W L，Gifford G F. Influence of a soil microfloral crust on select

properties of soils under pinyon-juniper in southeastern Utah[J]. J. Soil Water Conserv，1972（27）：164-167.

[223] Lubeheneo J，et al. Thesustainable Bios Phere Initiative：An Eeologieal Researeh Agenda[J]. Eeology，1991，72（2）：371-412.

[224] Malam Issa，Trichet J，Defarge C. Morphofogy and mierostructure of microbiotic soil crusts on a tiger bush sequence（Niger，Sahel）[J]. Catena，1999（37）：175-196.

[225] Mazor G，Kidron G J，Vonshak A，et al. The role of cyanobacterial exopolysaccharides in structuring desert microbial crusts[J]. FEMS Microbiology Ecology，1996（21）：121-130.

[226] Mcintyer. Sorl splash and the formation of surface crust by raindrop impact. Soil Science，1958（85）：261-266.

[227] McIntosh T T. Bryophyte records from the semiarid steppe of Northwestern North American，including four species new to North American[J]. The Bryologist，1989（92）：356-362.

[228] Mcllvanie S K. Grass seedling establishment and productivity over grazed [J]. Protected range soils. Ecology，1942（23）：228-231.

[229] Metting B，Surface Biological Surface features of semiarid lands and deserts[A] . Skujins J. Semiarid Lands and Deserts：Soil Resource and Reclamation[M]. New York：Marcel Dekker，1991：257-293.

[230] NoyMeir I. Desert ecosystem structure and function，hot deserts and arid shrublands[J]. In：Evenari M，NoyMeir I，Goodall D W，eds. Ecosystems of the World. Amsterdam：Elsevier，1985：93-103.

[231] Onofiok O，M J.Singer. Scanning electron microscope studies of surface crusts formed by simulated rainfall，Soil Sci. Soc. Am. J. ，1984（48）：1138-1143.

[232] Gundlapally S R， Garcia-Pichel F. The community and phylogenetic diversity of biological soil crusts in the Colorado plateau studied by molecular fingerprinting and intensive cultivation [J]. Microbial Ecology，2006（52）：345-357.

[233] Osbor B. Range soil conditions influence water intake[J]. Journal of Soil and Water Conservation，1952（7）：128-132.

[234] Perez F L. Microbiotic crusts in the high equatorial Andes，and their influence on Paramo soils[J]. Catena，1997（31）：173-198.

[235] Prasse R. Experimentelle Untersuchungen an Gefäβpflanzen-populationen Auf Verschiedenen Geländeoberflächen in einem Sand-wüstengebiet（Experimental Studies with Populations of Vascular Plants on Different Soil Surfaces in a Sand Desert Area）[J]. Universitätsverlag Rasch：Osnabrück，Germany，1999.

[236] Prasse R. Effect of microbiotic soil surface crusts on emergence of vascular plants[J]. Plant Ecology，2000，150（1）：65-75.

[237] Rebecca O，Erika M S，et al. Litterfall and Decomposition in Relation to Soil Carbon Pools Along a Secondary Forest Chronosequence in Puerto Rico[J]. Ecosystems，2008（11）：701-714.

[238] Roberts F J，Carson B A. Water repellence in sandy soils of south-western Australia[J]. Australian Journal of Soil Research，1971（10）：35-42.

[239] Roger R W. Soil surface lichens in arid and subarid south—eastern Australia. III. The relationship between distribution and environment[J]. Australia Journal of Botany，1972（20）：301-316.

[240] Roger R W. Lichens of hot arid and semi-arid lands[C]//Seaward，M. R. D. Lichens ecology[M]. New York：Academic Press，1977：211-252.

[241] Savory A，Parsons S D. The Savory grazing method[J]. Rangelands，1980

（2）：234-237.

[242] Schlesinger W H，Raikes J A，Hartley A E， et al. On the spatial pattern of soil nutrients in desert ecosystems[J]. Ecology，1996（77）：364-374.

[243] Seghieri J，Galle S，Rajot J L，et al. Relationships between soil moisture and growth of herbaceous plants in a natural vegetation mosaic in Niger[J]. Journal of Arid Environments，1997（36）：87-101.

[244] Simmons M T，Archer S R，Teague W R，et a1. Tree（Prosopis glandulosa）effects on grass growth：An experimental assessment of above-and belowground interactions in a temperate savanna [J]. Journal of Arid Environments，2008，72（4）：314-325.

[245] Singer M J. Physical properties of arid region soils[C]//Skujins J（ed. ）Semiarid lands and deserts：soils resource and reclamation[M]. New York：Marcel Dekker，1991：81-109.

[246] St Clair L L，Johansen J R. Introduction to the symposium on soil crust communities[J]. Great Basin Naturalist，1993，53（1）：1-4.

[247] Tabatabai M A. Enzymes [C] //Weaver R W，Augle S，Bottomly P J，et a1. Methods of soil analysis. Part 2. Microbiological and biochemical properties [J]. Soil Science Society of America，Madison，1994：775-833.

[248] Tirkey J，Adhikary S P. Cyanobacteria in biological soil crusts of India[J]. Current Science，2005，89（3）：515-52l.

[249] Tongway D J，Smith E L. Soil surface features as indicators of rangeland sites Productivity[J]. Aust. Rangel. J，1989（11）：15-20.

[250] Veste M，Littmann T，Breckle S W，et al. The role of biological soil crusts on desert sand dunes of the north-western Negev（Israel）[C]//Breckle，S. -W.，Veste，M. ，Wucherer，W. （Eds. ），Sustainable Land-Use in Deserts[M]. Springer，Heidelberg，2001：357-367.

[251] Verrecchia E，Yair A，Kidron G J，et al. Physical properties of the psammophile cryptogamic crust and their consequences to the water regime of sandy soils，north-western Negev Desert，Israel[J]. Journal of Arid Environments，1995（29）：427-437.

[252] Waldman M，Shevah Y. Biological diversity-an overview[J]. Water，Air and Soil Pollution，2000（123）：299-310.

[253] Warren S D. Synopsis：influence of biological soil crusts on arid land hydrology and soil stability[C]//Belnap J，Lange OL（eds）. Biological soil crusts：structure，function，and management[M]. Springer，Berlin Heidelberg New York，2003：349-360.

[254] West N E，Skujins J. The nitrogen cycle in North American cold-winter desert ecosystems[J]. Oecol. Plant，1977（12）：45-53.

[255] West N E. Structure and function of microphytic soil crusts in wild land ecosystems of arid to semiarid regions[J]. Advances in Ecological Research，1990（20）：179-223.

[256] Williams J D，Dobrowolski J P，West N E. Microbiotic crust influence on unsaturated hydraulic conductivity[J]. Arid Soil Res. Rehab.，1999（13）：145-154.

[257] Wilshire H G. The impact of vehicles on desert soil stabilizers[C]//Webb RH，Wilshire HG（eds）. Environmental effects of off~road vehicles[M]. Springer，Berlin Heidelberg New York，1983：31-50.

[258] Whittaker R H. Evolution and measurement of species diversity[J]. Taxen，1972（21）：213-215.

[259] Wu N，Wang H L，Liang S M， et al. Temporal-spatial dynamics of distribution patterns of microorganism relating to biological soil crusts in the Gurbantunggut desert [J]. Chinese Science Bulletin，2006，51（1）：124-131.

[260] Wu Y S，Ha S，Li S Q，et al. Development characteristics of biological soil crusts on sand dune in southern Mu Us sandy lands[J]. Journal of Soil and Water Conservation，2010，24（5）：258-261.

[261] Zhao Y G, Xu M X, Wang Q J, et al. Physical and chemical properties of soil bio-crust on rehabilitated grassland in hilly Loess Plateau of China[J]. Chinese Journal of Applies Ecology，2006，17（8）：1429-1434.

[262] Zhao H L, Guo Y R, Zhou R L, et al. Effects of vegetation cover on physical and chemical properties of bio-crust and under-layer soil in Horqin Sand Land[J]. Chinese Journal of Applied Ecology，2009，20（7）：1657-1663.

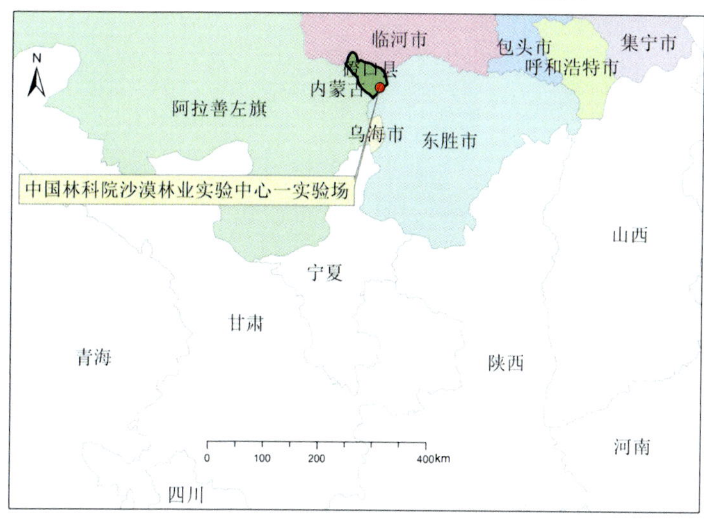

附图 1　盐池县和磴口县地理位置图

附图 2a　研究区藻结皮

附图 2b　地衣结皮

附图 2c　苔藓结皮

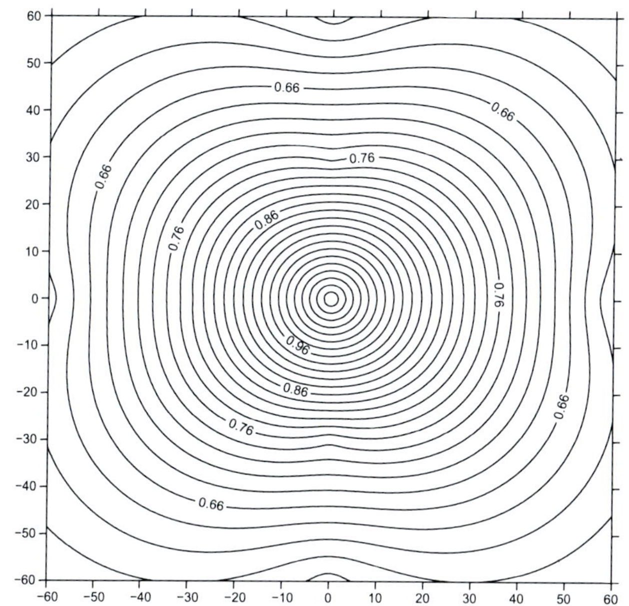

附图 3a　毛乌素沙地在油蒿不同方向生物结皮厚度等高线图

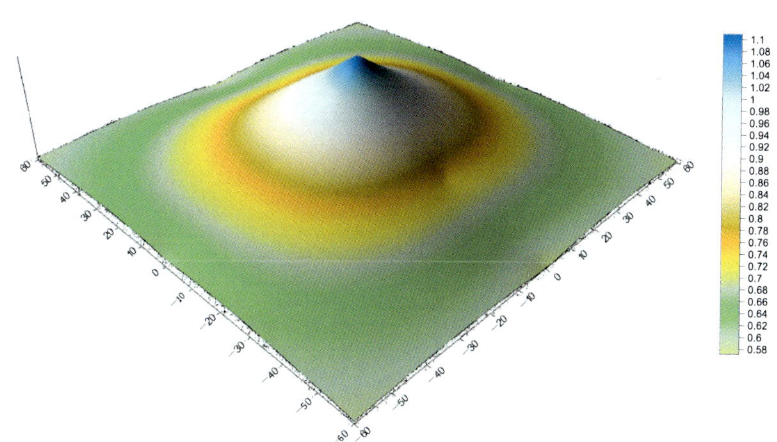

附图 3b　毛乌素沙地在油蒿不同方向生物结皮厚度三维图

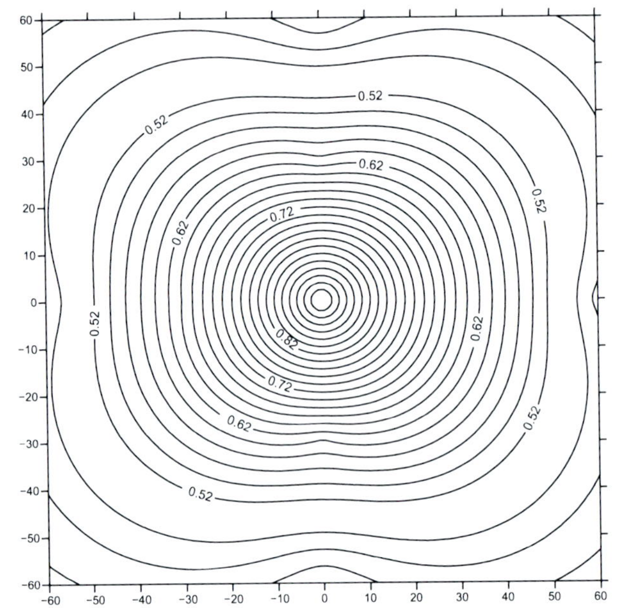

附图 4a 乌兰布和沙漠在油蒿不同方向生物结皮厚度等高线图

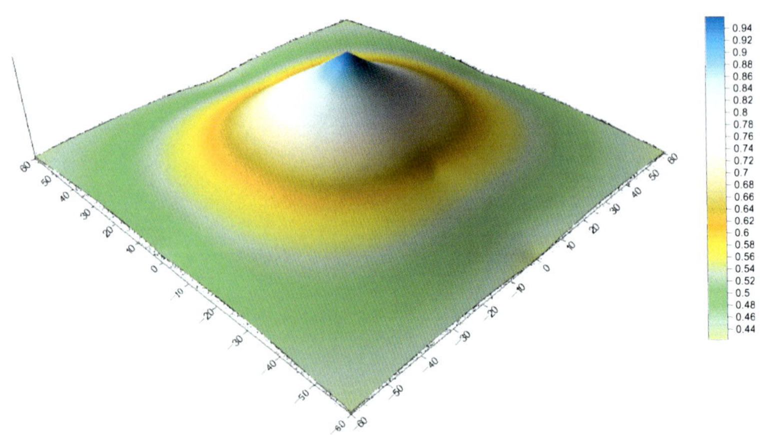

附图 4b 乌兰布和沙漠在油蒿不同方向生物结皮厚度三维图